ENCYCLOPÉDIE DES AIDE-MÉMOIRE
LÉAUTÉ DIRECTEUR

P. MÉGNIN

LA FAUNE

DES CADAVRES

G. MASSON

GAUTHIER-VILLARS ET FILS

ENCYCLOPEDIE SCIENTIFIQUE DES AIDE-MEMOIRE

ENCYCLOPÉDIE SCIENTIFIQUE

DES

AIDE-MÉMOIRE

PUBLIÉS

SOUS LA DIRECTION DE M. LÉAUTÉ, MEMBRE DE L'INSTITUT

MÉGNIN — La Faune des cadavres   1

Ce volume est une publication de l'Encyclopédie scientifique des Aide-Mémoire ; F. Lafargue, ancien élève de l'École Polytechnique, Secrétaire général, 46, rue Jouffroy (boulevard Malesherbes), Paris.

No 101 B

ENCYCLOPÉDIE SCIENTIFIQUE DES AIDE-MÉMOIRE

PUBLIÉE SOUS LA DIRECTION

DE M. LÉAUTÉ, MEMBRE DE L'INSTITUT.

LA
FAUNE DES CADAVRES

—

APPLICATION DE L'ENTOMOLOGIE
A LA MÉDECINE LÉGALE

PAR

P. MÉGNIN
Membre de l'Académie de Médecine

PARIS

G. MASSON, ÉDITEUR, | GAUTHIER-VILLARS ET FILS,
LIBRAIRE DE L'ACADÉMIE DE MÉDECINE | IMPRIMEURS-ÉDITEURS
Boulevard Saint-Germain, 120 | Quai des Grands-Augustins, 55

(Tous droits réservés)

PRÉFACE

Dans l'*Étude médico-légale sur l'infanticide* de Tardieu, publiée en 1848, nous lisons p. 202 : « Un fait extrêmement curieux, cité par M. le Dr Bergeret, d'Arbois, a montré quelle lumière inattendue un esprit sagace peut faire jaillir des circonstances ingénieusement commentées.

« Au mois de mars 1850, on découvrait le cadavre d'un enfant nouveau-né, dans une cheminée où il s'était momifié sous l'influence d'un milieu chaud et sec. Pendant les trois années précédentes, quatre locataires s'étaient succédé dans cette chambre ; le plus ancien y avait séjourné quatre ans. La taille, la présence du point osseux, établirent que l'enfant était né à terme. Les organes intérieurs avaient disparu, dévorés par des larves d'insectes sortis de nymphes dont on retrouvait les coques dans les ca-

vités splanchniques. Dans l'épaisseur des muscles, il existait des larves ou des vers blancs
vivants. Il était important de déterminer l'époque
de la mort, afin de pouvoir rapporter le crime
au temps de l'occupation de l'un des quatre locataires successifs. M. Bergeret mit très heureu-
sement à profit, pour cette détermination, la
présence et le développement des insectes ; d'une
part, des coques vidées, deux seulement renfermaient des mouches mortes ; de l'autre, des larves vivantes. Il était évident que deux générations d'insectes, représentant deux révolutions
annuelles, s'étaient succédé dans le corps de cet
enfant, très probablement mort dans l'été de
1848. Sur le cadavre frais, la mouche carnassière
avait déposé ses larves à cette époque, et, dans
le cadavre desséché, le papillon des mites avait
pondu des œufs en 1849. Moquin-Tandon, à
qui j'avais soumis le fait, reconnut qu'il était
possible et que les déductions qu'en avait tirées
Bergeret étaient justes. »

Le fait de Bergeret était resté isolé, lorsqu'il
revint à l'esprit de M. le professeur Brouardel
dans la circonstance suivante : En 1878, il fut
chargé, par M. le juge d'instruction Desjardin, de
procéder à l'examen médico-légal d'un cadavre
d'enfant nouveau-né trouvé dans un terrain

vague, rue Rochebrune. Sur la peau et dans les cavités splanchniques fourmillaient une grande quantité d'acariens au milieu d'une poussière brune où se remarquaient aussi des débris d'insectes. Dans l'espoir de pouvoir tirer de ce fait des renseignements comme l'avait fait M. Bergeret, M. le professeur Brouardel s'adressa à M. le professeur Edmond Perrier, du Muséum d'Histoire naturelle, qui nous renvoya une partie de la question parce qu'il s'agissait d'acariens qu'il savait faire l'objet de nos études de prédilection depuis plusieurs années.

Cette première étude — que nous rapportons plus loin — fut suivie d'un très grand nombre d'autres, faites, soit en collaboration avec M. le professeur Brouardel, soit avec MM. Descoust et Socquet, médecins légistes.

Pendant quinze ans nous avons été ainsi associé à une vingtaine d'expertises médico-légales, ce qui nous a donné l'occasion de faire de nombreuses observations, complétées par un grand nombre d'expériences, et de fixer ainsi certains points scientifiques touchant les métamorphoses et la biologie des insectes qui vivent sur les cadavres, soit à l'état de larves, soit à l'état parfait, et nous avons pu ainsi établir une base certaine pour des déductions médico-légales, base qui n'était qu'un germe dans le fait de Bergeret, et très insuffisante, comme nous le montrerons plus loin.

Les premiers résultats de nos études ont été publiées dans la *Gazette hebdomadaire de médecine et de chirurgie* du 20 juillet 1883, dans un article intitulé : *De l'application de l'entomologie à la médecine légale*; puis, dans une communication à l'Académie des Sciences, en 1887, sous le titre : *la Faune des Tombeaux*.

Le travail que nous présentons aujourd'hui résume l'ensemble de nos études sur la question de la détermination de l'époque de la mort d'un cadavre sur lequel se sont succédé de nombreuses générations d'insectes et est destiné à servir de guide aux médecins-légistes dans tous les cas où ils auront à répondre à une question de ce genre.

P. MÉGNIN.

Vincennes, le 28 mai 1894.

INTRODUCTION

Depuis longtemps on sait que, dans les cadavres exposés à l'air libre, se développent des myriades de vers, à la génération spontanée desquels on a cru longtemps ; le vulgaire y croit même encore.

Virgile savait que de ces vers sortent des mouches, mais il croyait que ces mouches étaient des abeilles et que celles qui naissaient des entrailles corrompues du taureau étaient plus dociles et plus travailleuses que celles qui naissaient dans les entrailles du lion.

C'est un naturaliste de la Renaissance, Redi, qui démontra que les vers des cadavres ne naissent pas spontanément, et qu'ils ne sont autres que des larves provenant d'œufs déposés par des mouches et retournant elles-mêmes à l'état de mouches. Les expériences de Redi sont

restées célèbres et nous les rapportons ici : Il
exposa à l'air un grand nombre de boîtes sans
couvercles dans chacune desquelles il avait
placé un morceau de viande, tantôt crue, tantôt cuite, afin d'inviter les mouches attirées par
l'odeur à venir pondre leurs œufs sur ces chairs.
Non seulement Redi mit dans ces boîtes des
chairs communes de mammifères, comme celles
de taureau, de veau, de cheval, de bufle, d'âne,
de daim, etc., mais aussi des chairs de quadru-
pèdes rares, qui lui furent fournis par la ména-
gerie du grand duc de Toscane, comme le lion,
le tigre ; il essaya aussi les chairs de petits qua-
drupèdes, d'agneau, de chevreau, de lièvre, de
lapin, de taupe, etc., ; celles de différents oiseaux,
de poule, de dinde, de caille, de moineau, d'hi-
rondelle, etc. ; de plusieurs sortes de poissons
de rivière ou de mer, enfin des chairs de reptiles.

Ces chairs variées attirèrent des mouches dont
Redi constata la ponte, et il vit apparaître de
nombreux vers sortis de ces œufs qui eux-mêmes
se transformèrent en mouches diverses dont il
constata quatre sortes : des mouches bleues
(*Musca vomitoria*), des mouches noires chamar-
rées de blanc (*Sarcophaga carnaria* ou *vivipara*);
des mouches pareilles à celles des maisons

(*Musca domestica* ou probablement la *Curtonevra stabulans*) enfin des mouches vert-dorées (*Lucilia Cæsar*).

L'accroissement de ces vers de la viande, ou larves de mouches, était considérable en peu de temps : Redi reconnut qu'en 24 heures, les larves de la mouche bleue dévorant un poisson augmentaient, selon les sujets, de 155 à 210 fois leur poids initial.

Il fallait faire la contre-épreuve. Les mêmes viandes furent placées dans des boîtes recouvertes de toile à claire-voie afin qu'elles ne fussent pas soustraites au contact de l'air qui en déterminait la putréfaction, mais, afin que les mouches, attirées par l'odeur mais arrêtées par la toile, fussent dans l'impossibilité de déposer leurs œufs. Redi vit les chairs se corrompre, mais aucun ver ne s'y développa. Il vit les femelles de mouches introduire l'extrémité de leur abdomen entre les mailles du réseau pour tâcher de faire passer leurs œufs, et deux petits vers, issus d'une éclosion interne chez la mouche vivipare trouvèrent ainsi le moyen de passer à travers la toile.

Redi s'attacha aussi à réfuter l'opinion commune si souvent répétée dans les sermons des prédicateurs sur la vanité de l'homme, pâture des vers immondes après sa mort. Il fit voir, par expérience, que les mouches ne savent point fouiller la terre, et que les lombrics, ou vers de terre, qui abondent dans le sol végétal, ne sont pas carnassiers et ne vivent que de l'humus d'où ils peuvent extraire les sucs nutritifs. Il constata, par de nombreuses épreuves, que les chairs et les cadavres placés sous terre, même à une médiocre profondeur, se corrompent lentement mais ne sont la proie d'aucun ver.

Ici Redi est trop affirmatif, car nous démontrerons plus loin que, dans certaines circonstances, les cadavres inhumés servent de pâture à certaines larves de mouches et d'insectes particuliers, aussi bien que ceux qui se décomposent à l'air libre.

Car il n'y a pas que des larves de mouches vivant des décompositions cadavériques, il y a aussi des larves de coléoptères et même de lépidoptères.

« Les soins que prennent certaines mouches pour assurer leur postérité, dit Macquart, consistent dans le choix qu'elles font du berceau de leurs petits ; l'instinct leur indique à cet égard tous les corps qui ont cessé de vivre, et la dissolution qui commence s'accélère tellement par l'action de leurs larves qu'elle semble leur être uniquement due. C'est ainsi que les Calliphores et les Lucilies déposent leurs œufs sur les cadavres ; les Curtonèvres sur les végétaux et particulièrement sur les champignons qui se décomposent, les autres font leurs pontes sur les bouses et les fumiers ».

La pullulation des mouches des cadavres est quelquefois si grande et leur rôle si actif que Linné s'est cru en droit de dire, sans trop d'hyperbole : « que trois mouches consomment un cadavre aussi vite que le fait un lion ».

Mais, ainsi que le fait observer Macquart dans le passage que nous venons de rapporter, la destruction des cadavres, malgré l'apparence, n'est pas exclusivement due aux larves sarcophages ; la preuve, c'est que cette destruction peut se faire et se fait même souvent sans elles ; celles-ci n'agissent même que quand la matière morte est devenue pour elles un aliment convenable par suite des préparations que lui font subir des myriades d'agents beaucoup plus petits, qui ne sont autres que les microbes de la fermentation putride.

Depuis longtemps un fait, que nous avons été le premier à observer, nous avait frappé : c'est que les insectes des cadavres, les *travailleurs de la mort*, n'arrivent *à table* que successivement, et toujours dans le même ordre; nous avons compté ainsi une douzaine de périodes depuis la mort jusqu'à la destruction complète du cadavre, dans chacune desquelles apparaît toujours le même groupe d'insectes.

Ce fait concordait bien avec ce que l'on savait *grosso modo*, que la putréfaction est une série de fermentations et qu'alors les produits de chacune convenant mieux à une escouade de travailleurs qu'à une autre, ainsi s'explique leur succession régulière.

La belle *Étude sur la putréfaction* que M. le Dr Bordas a publiée récemment, confirme ces vues et permet d'en donner une explication plus complète. En effet, voici ce que nous lisons à la p. 6 de l'Introduction de cet ouvrage.

« Si l'on recueille du sang dans un ballon (où l'air pénètre librement) il ne tardera pas à se coaguler et à se prendre en un caillot; puis, au bout de quelques jours, suivant la température, la surface exposée à l'air prendra une teinte plus ou moins verdâtre, tandis qu'une partie de caillot se liquéfiera; cette liquéfaction de la fibrine aura lieu du haut en bas du ballon et s'effectuera avec un dégagement gazeux plus ou moins putride.

« Si l'on examine une goutte de ce liquide, on y remarquera une multitude énorme de microbes

organismes très tenus, mobiles ou immobiles,
plusieurs mêmes se déplaçant avec une certaine
rapidité.

« Après quelques jours encore, toute la masse
de sang sera complètement liquide et présentera
une couleur d'un vert noirâtre.

« Les micro-organismes qui se sont développés
au début de la période de la putréfaction sont
des espèces aérobies. Ils absorbent l'oxygène avec
une très grande rapidité et leur puissance com-
burante est telle que l'oxygène contenu dans le
ballon disparaît entièrement et se trouve rem-
placé par l'acide carbonique.

« Certains microbes doués de la propriété
d'être à la fois aérobies et anaérobies, pourront
commencer à se développer et à produire, non
plus des corps totalement brûlés, comme l'acide
carbonique, mais des gaz réducteurs tels que
l'hydrogène libre, l'hydrogène sulfuré et même
l'azote dans certains cas.

« Les êtres anaérobies trouvant de la sorte un
milieu propre à leur croissance, continueront
l'œuvre de destruction commencé par les aérobies facultatifs et augmenteront l'intensité de
dégagement des gaz réducteurs. C'est à ce
moment que l'hydrogène libre apparaîtra en
quantité considérable.

« Ces ferments anaérobies ne tardent pas à leur tour à être arrêtés dans leur développement par la présence de certains produits plus ou moins complexes auxquels ils ont donné naissance et qui ne leur permettent plus de vivre.

« Ces produits, au contraire, peuvent être utilisés à nouveau par les aérobies qui, grâce au secours de l'oxygène, accentuent de plusieurs degrés encore la marche descendante de la matière organique vers la destruction finale gazeuse.

« Non seulement ces aérobies détruisent la matière organique, mais ils brûlent les débris des ferments anaérobies eux-mêmes.

« Enfin ils sont brûlés par les mucédinées, les végétations cryptogamiques et divers ferments de la cellulose, et c'est ainsi que peu à peu sous l'influence d'espèces microbiennes différentes, vivant les unes et les autres sur un milieu qu'elles auront tour à tour transformé en milieu impropre à leur développement, la matière organique complexe se trouvera ramenée et restituée au règne minéral. »

Comme on voit, des microbes de différentes espèces se suivent d'une manière régulière dans les phénomènes complexes de la putréfaction et leur action est accompagnée chaque fois d'une émission de gaz odorants ; ce sont ces gaz, perçus par les insectes, souvent à des distances prodigieuses, tant leur sens olfactif, est, comme on sait, puissant, qui leur indiquent le degré auquel la putréfaction est arrivée et leur permettent de choisir celui qui est le plus convenable à leur progéniture. Ainsi s'explique la succession régulière de ce que nous avons nommé les *travailleurs de la mort*, qui se continue même après que le rôle des microbes a complètement cessé, s'il reste des parties, tendons, ligaments ou peau, qui, desséchées, ont résisté à la putréfaction ; elles n'en sont pas moins détruites par certains insectes rongeurs qui viennent ainsi compléter le rôle de leurs prédécesseurs.

Il arrive un moment où tout est consommé et où il ne reste plus rien à côté des os blanchis, qu'une sorte de terreau brun, finement granuleux, mêlé de carapaces de pupes d'insectes ; ainsi s'est accompli cette parole de l'Écriture : *Tu es poudre et tu retourneras en poudre.* Cette poudre, examinée de près, n'est autre chose que l'accumulation des excréments des générations d'insectes qui, à l'état larvaire, se sont succédé sur le cadavre.

L'action des insectes, parallèle a celle des microbes et la complétant, s'opérant par la succession régulière des escouades de *travailleurs*

de la mort sur un cadavre à l'air libre, fait de
ces derniers de véritables réactifs animés, indi-
cateurs du degré auquel est arrivée la décomposition cadavérique et, par suite, indicateur du
temps qui s'est écoulé depuis le moment de la
mort du sujet, à celui de la dernière escouade
de travailleurs apparue, comme le montrent les
nombreuses applications que nous avons faites
de la connaissance de ces faits à la médecine légale.

Dans les cadavres inhumés, les choses se passent moins régulièrement, bien qu'ils ne soient
pas complètement à l'abri des insectes, comme
le croyait Redi et bien des bons esprits après lui,
même dans un cercueil de plomb. C'est ce que
nous montrons dans la deuxième partie de ce
travail que nous consacrerons à la faune des tombeaux.

CHAPITRE PREMIER

—

FAUNE DES CADAVRES A L'AIR LIBRE

Orfila, dans ses *Recherches sur la putréfaction des cadavres* (¹), a signalé la présence des mêmes espèces de mouches que Redi avait déjà vues dans ses célèbres expériences ; nous les avons aussi observées, avec un grand nombre d'autres espèces d'Insectes ; mais, ce que ni Redi, ni Orfila, ni personne n'avait soupçonné, c'est le fait de leur apparition successive et régulière et la détermination de la loi qui y préside. Orfila ne s'était attaché qu'à la détermination du rôle des mouches des cadavres dans la décomposition cadavérique.

(¹) ORFILA. — *Traité des exhumations juridiques.* Paris, 1831.

« Il est avéré, dit-il, que, dans les premiers
temps après la mort, les mouches ne s'arrêtent
pas autour des cadavres (¹), que, plus tard, elles
ne font que voltiger auprès d'eux, et qu'enfin
lorsque la décomposition est plus avancée, elles
s'abattent sur eux et y déposent leurs œufs;
bientôt on voit des larves plus ou moins nombreuses ramper sur plusieurs de leurs parties.
Que si l'on enterre maintenant deux cadavres
dont l'un offre à sa surface des milliers d'œufs,
tandis que l'autre n'en a pas encore, il est évident
que le premier se pourrira beaucoup plus vite,
toutes les autres circonstances étant les mêmes,
parce que le propre des larves est de détruire
nos tissus pour se nourrir; on ne saurait donc
nier l'influence des insectes à la surface du
corps sur le processus de la putréfaction ».

Si les conclusions de ce passage sont vraies,
les premières lignes contiennent néanmoins une
erreur. En effet, l'approche de la mort d'un être
humain, ou d'un animal, dans une saison où les
insectes sont en pleine activité, est précisément

(¹) Ceci est une erreur, car certaines petites mouches, les *Curtonèvres*, qu'Orfila ne soupçonnait pas
être cadavériques, hantent le cadavre dès les premiers
moments de la mort et même déjà quelques instants
auparavant.

signalée par la ténacité de certaines mouches à
se poser sur sa peau et particulièrement au voisinage des ouvertures naturelles, et surtout des
narines. C'est que, certaines émanations leur indiquent déjà l'imminence d'un évènement qui va
leur procurer en abondance des aliments pour
leur progéniture, et ces mouches s'acharnent
déjà à vouloir pondre dans les narines, dans la
bouche, ou même dans les yeux.

Aussitôt après la mort et avant même que les
premières phases de la putréfaction aient produit des gaz dont l'odeur fût perceptible à nos
sens, d'autres mouches, différentes des premières, se montrent. Enfin, aussitôt que l'odeur
putride devient sensible, une troisième escouade
de travailleurs arrive et succède aux premières.
En sorte que, quand on procède à l'ensevelissement d'un mort, pendant l'été, on enferme de
nombreux loups dans la bergerie.

La preuve que cela se passe ainsi, c'est que
dans l'exhumation des cadavres enterrés pendant la saison chaude, on trouve à foison des
coques de chrysalides de Diptères sarcophages,
montrant que des myriades de larves de ces
insectes ont travaillé comme sur des cadavres
exposés à l'air libre. Orfila, lui-même, se con-
tredit, du reste, dans un passage précédant

celui que nous avons cité : « Nous savons qu'en
été, dans l'espace de temps pendant lequel les
cadavres sont exposés à l'air, avant l'inhumation, quelques mouches pondent à la surface de
la peau, des œufs qui, éclos plus tard dans le
cercueil, peuvent donner naissance à d'autres
mouches ; celles-ci, après s'être fécondées, peuvent encore produire sept à huit fois des générations qui vont se multipliant à l'infini ».

Et il cite, comme preuve, l'expérience suivante :

« Cadavre inhumé le 15 mars et exhumé
quinze jours après, à midi ; température moyenne
de l'expérience dix et quatorze degrés centi-
grades.

« La coloration générale de la partie du cadavre débarrassé de la terre est d'un blanc jaunâtre tirant légèrement sur le rose, dans certains
points ; toutefois l'abdomen, est d'un vert clair ;
en arrière la couleur est verte. On y trouve
quelques vers sur le ventre, mais particulièrement sur le dos ».

Pour que des vers parfaitement développés
fussent visibles sur un cadavre exhumé à une
époque aussi rapprochée de la mort, à une
saison peu avancée, et par une température
aussi basse, il a nécessairement fallu que la

ponte de la mouche eût lieu immédiatement après la mort, sinon même quelques instants auparavant.

Nous allons faire l'histoire naturelle de ces mouches dans l'ordre de leur apparition, puis nous continuerons par celle des Insectes qui sont appelés par les émanations de la fermentation butyrique qui donne lieu au gras de cadavre ; puis par ceux qui sont appelés par la fermentation que nous appellerons caséeuse, parce qu'elle est tout à fait l'analogue de celle qui produit l'état du fromage dit *avancé* ; enfin nous terminerons par la description des Insectes et Acariens qui se repaissent des derniers restes d'humidité cadavérique, et enfin par les rongeurs qui font disparaître les restes des tissus desséchés qui adhèrent encore aux os, tels que les ligaments, les tendons, les aponévroses et les lambeaux de téguments momifiés.

Nous les grouperons par *Escouade de travailleurs*, c'est-à-dire que nous réunirons dans un même paragraphe ceux qui apparaissent dans la même période, qui travaillent ensemble, ou qui se suppléent, car tous les Insectes dont nous allons parler ne se rencontrent pas à la fois sur le même cadavre, les espèces peuvent varier suivant les localités, le pays, la saison, mais elles n'en sont pas moins toujours caractéristiques d'une seule et même période.

Ces Insectes sont des Diptères, des Coléoptères, des Micro-lépidoptères et des Acariens, et on trouve souvent des Insectes de deux et même de trois de ces classes zoologiques travaillant ensemble, surtout vers la fin de la décomposition cadavérique.

PREMIÈRE ESCOUADE

Ce sont des mouches qui ouvrent la marche dans la série des *travailleurs de la mort* et qui même occupent seules le chantier jusqu'à la formation des acides gras ; les deux premières Escouades sont même constituées exclusivement par des Diptères.

Les premières mouches qui apparaissent sur le cadavre, nous dirons même sur le mourant, appartiennent aux genres MUSCA et CURTONEVRA et sont promptement suivies par d'autres mouches des genres CALLIPHORA et ANTOMYIA.

GENRE MUSCA. — Le genre MUSCA, pour Linné, comprenait presque tout ce que le vulgaire appelle *mouche* ; depuis, ce groupe est devenu

Tribu et même Famille, et le genre actuel MUSCA, tout en comprenant encore un très grand nombre d'espèces, ne renferme plus que celles qui réunissent les caractères suivants, d'après Macquart :

Epistome peu saillant, antennes atteignant presque l'épistome, avec un troisième article triple du deuxième et un style plumeux. Première cellule postérieure des ailes atteignant le bord près de l'extrémité, nervure externo-médiaire un peu concave après le coude.

Toutes les mouches du genre MUSCA sont grises et ressemblent à la mouche de fenêtre qui est le type de ce genre. Elles sont éminemment parasites et se jettent sur les hommes et sur les bestiaux pour humer les substances fluides répandues à la surface du corps, telles que la sueur, surtout celle des malades et des mourants, la sanie des plaies, etc.

Ces mouches pondent des œufs microscopiques, oblongs, s'ouvrant par le détachement d'une bande étroite, longitudinale qui se soulève comme la lame d'un couteau qu'on ouvre.

La larve qui sort de l'œuf se développe rapidement et atteint toute sa taille en une huitaine de jours en été. Elle est blanche, en forme de

cône allongé, un peu renflée au milieu, tronquée obliquement en arrière ; (*fig.* 1 *d*) la bouche est armée de deux crochets cornés et la tête
porte deux cornes charnues antennales ; deux
autres tubercules existent en arrière sur le premier article. Les stigmates antérieurs se voient
de chaque côté du deuxième article sous forme de
cinq petites digitations tuberculiformes grou-
pées. Les stigmates postérieurs sont simples,
symétriques et sous forme d'une petite ouverture ronde percée au milieu de petites plaques
chitineuses un peu réniformes, symétriques, qui
se voient au milieu de la face postérieure du
dernier article.

La pupe, en laquelle se transforme la larve,
est cylindrique avec ses deux extrémités arrondies, coriace, brune-rousse, et longue de cinq à
six millimètres. Au bout de huit à quinze jours,
suivant la température, l'insecte parfait sort de
cette pupe.

Les larves de mouches de ce genre, disent les
entomologistes, se développent dans le fumier ;
cela est vrai, sans doute, pour la plupart des
espèces, mais nous en avons rencontré aussi
presque constamment sur les cadavres à l'air
libre ou inhumés pendant l'été, en compagnie
d'autres larves appartenant au genre suivant ;

elles font donc partie de la même Escouade qui
est la première.

Le genre MUSCA comprend un grand nombre
d'espèces que l'on confond toutes sous le nom
de mouches de fenêtres et qui varient peu entre
elles; nous allons en décrire une, la plus commune :

Musca domestica (fig. 1). Longueur six à sept
millimètres, cendrée, face noire à côtés jaunâ-

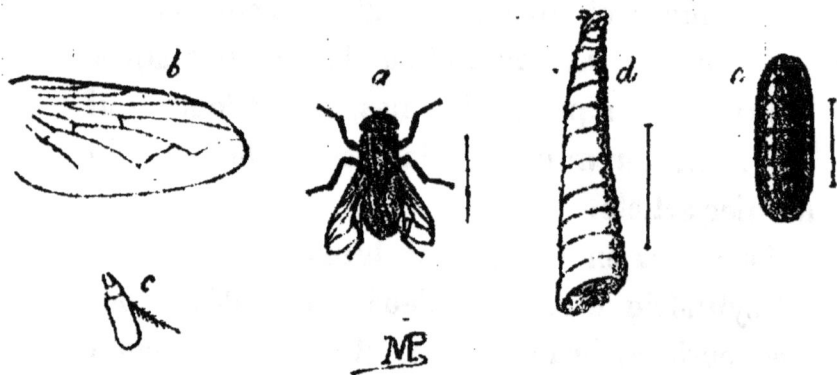

Fig. 1. — *a, Musca domestica; b,* son aile; *c,* une antenne,
d, sa larve; *e,* sa nymphe.

tres, front jaune à bande noire, antennes noires,
thorax gris à lignes noires ; abdomen marqueté
de noir en dessus, pâle en dessous, avec les
côtés jaunâtres chez le mâle. Pieds noirs ; ailes
assez claires à base jaunâtre.

GENRE CURTONEVRA. — Ce genre comprend des
mouches qui ont le port et l'aspect des précé-

dentes et avec lesquelles il est facile de les con-
fondre ; on ne les en distingue qu'aux caractères
suivants :

Épistome saillant, antennes n'atteignant pas
l'épistome, à troisième article au moins triple
du deuxième et à style plumeux. Première
cellule postérieure des ailes largement ouverte ;
nervure externo-médiaire convexe après le coude
qui est presqu'effacé.

Les larves des Curtonèvres ne se distinguent
pas de celles des mouches du genre précédent,
non plus que leurs pupes. D'après les auteurs,
elles se développent, dans le terreau, le fumier
et quelquefois les champignons ; nous avons
trouvé abondamment celles de l'espèce suivante
dans les cadavres se décomposant à l'air libre,
ou inhumés pendant l'été, et nous les avons re-
connues aux individus parfaits trouvés souvent
morts dans les pupes.

Parmi les nombreuses espèces de Curtonèvres,
souvent peu distinctes entre elles, nous ne décrirons que la suivante, que nous avons fréquemment trouvée à l'état de larve ou de pupe sur
les cadavres.

Curtonevra stabulans (*Meig.*) (*fig.* 2). Longueur huit à neuf millimètres, cendrée, palpes
ferrugineux. Face et côtés de la face argentés ;

bande frontale et antennes noires, base du troisième article ferrugineux. Thorax à lignes
noires. Écusson à extrémité ferrugineuse. Abdomen marqueté de noir. Pieds noirs dans les
deux sexes.

Cette mouche a des mœurs rurales et se rencontre fréquemment dans les étables, les pâtu-

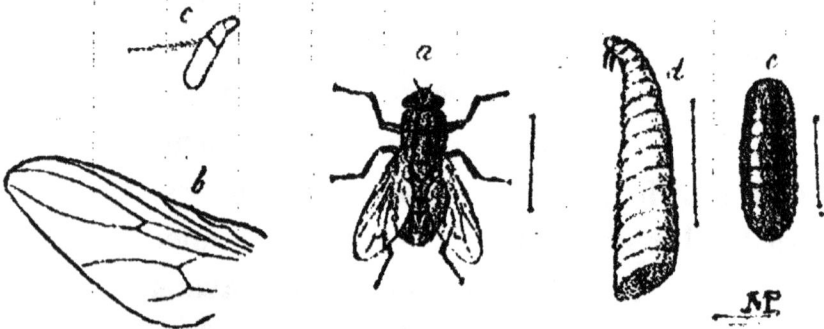

Fig. 2. — a, artonevra stabulans Meig.; b, son aile;
c, une de ses antennes; d, sa larve; e, sa nymphe.

rages, le voisinage des animaux domestiques.
Nous l'avons trouvée quelquefois, morte dans
sa pupe, sur des cadavres d'enfants momifiés
provenant de la campagne.

GENRE CALLIPHORA. — Ce genre comprend de
grosses mouches, épaisses, généralement de couleur bleue peu éclatante, dont la mouche bleue
de la viande (*Calliphora vomitoria*) est le type.
Les caractères zoologiques de ces mouches sont
les suivants :

Face bordée de poils ; épistome un peu saillant ; antennes atteignant à peu près l'épistome, troisième article quadruple du deuxième, style plumeux. Abdomen hémisphérique. Première cellule postérieure de l'aile atteignant le bord un peu avant l'extrémité ; nervure externo-médiaire fortement arquée après le coude.

Les larves de Calliphores sont blanches, tronquées obliquement à l'extrémité, cylindro-coniques, à bouche armée de deux crochets, plus d'une pointe entre les crochets. De chaque côté du deuxième segment se trouvent les stigmates antérieurs qui sont ici de forme ronde ; les stigmates postérieurs sont sous forme de trois fentes en éventail, percées sur une plaque chitineuse ronde ; la paire de ces plaques est au milieu de la face postérieure du dernier article, dont la circonférence est munie de douze pointes charnues disposées en rayon. Au milieu de l'été, ces larves arrivent à leur développement complet en huit jours et une quinzaine de jours après être passés à l'état de pupes brunes, à extrémité arrondie, elles passent à l'état parfait.

Ces mouches recherchent la viande fraîche et les cadavres dont la mort est toute récente, pour y déposer leurs œufs ; ce n'est qu'à leur défaut qu'elles les déposeront dans la viande imparfai-

tement salée ou conservée, ou dans les cadavres
dont la putréfaction a commencé.

Dans tous les cadavres que nous avons exa-
minés et ayant été exposés à l'air, ou inhumés
pendant l'été, c'est littéralement à foison que
nous avons trouvé les pupes de Calliphores,

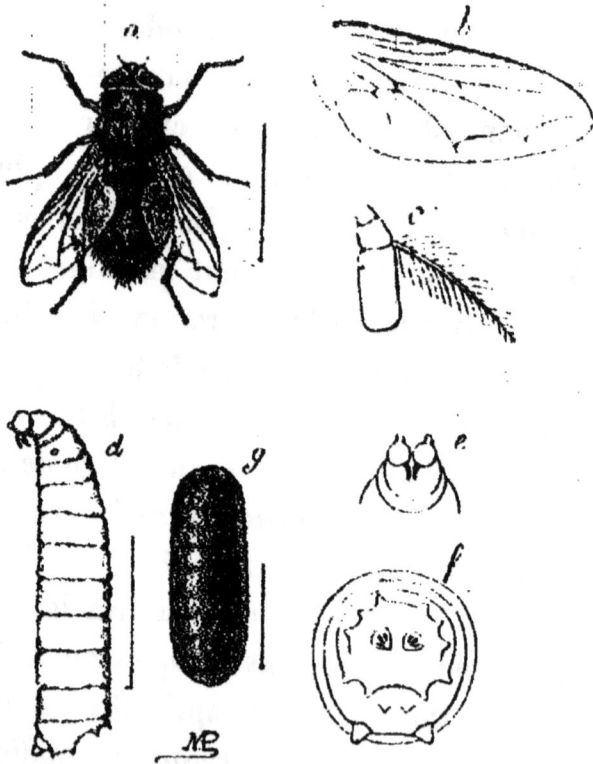

Fig. 3.— a, *Calliphora vomitoria* Rob.; b, son aile; c, une antenne;
d, sa larve; e, extrémité antérieure de cette larve; f, son
extrémité postérieure; g, la nymphe.

surtout de l'espèce type du genre qui est la suivante :

Calliphora vomitoria Rob. D. *(fig. 3).* — Longueur de sept à treize millimètres, palpes ferrugineux ; face noire au milieu, roussâtre à l'épistome et sur les côtés ; front à côtés blanchâtres et bande noire ; antennes noirâtres à extrémité roussâtre. Corselet bleu noirâtre à lignes peu distinctes. Abdomen bleu à reflets blancs. Pieds noirs. Cuillerons noirs bordés de blancs.

Ici se termine l'histoire de la *Première Escouade* des *Travailleurs de la mort* qui comprend exclusivement les insectes qui attaquent les cadavres frais, et les seuls dont on trouve les pupes vides en abondance dans les bières des cadavres inhumés pendant l'été. Ces pupes, cylindriques, brunes, assez volumineuses, sont faciles à distinguer d'autres toutes petites pupes, prismatiques jaunâtre pâle qui sont celles d'un moucheron appartenant à la troisième escouade, et que l'on trouve aussi par myriades sur certains cadavres inhumés, même l'hiver ; nous en parlerons plus loin.

DEUXIÈME ESCOUADE

Aussitôt que l'odeur cadavérique d'un corps, mort à l'air libre, se fait sentir, arrive un nouveau groupe de *travailleurs*, composé de mou-

ches d'un beau vert métallique brillant, d'une
taille comprise entre celle de la mouche ordinaire et celle de la mouche à viande, et d'autres
mouches plus grandes d'un gris noirâtre rayées
et tachées, beaucoup moins jolies.

Les premières appartiennent au genre LUCILIA.

Les secondes au genre SARCOPHAGA.

GENRE LUCILIA. — Ce genre a pour caractères :
d'avoir la tête déprimée ; l'épistome sans saillie ;
les antennes atteignant l'épistome, le troisième
article quadruple du deuxième, et le style très
plumeux ; l'abdomen ordinairement court et
arrondi ; les ailes fortement écartées, à première
cellule postérieure atteignant le bord peu avant
l'extrémité, et à nervure externo-médiaire peu
arquée après le coude, quelquefois droite. Cou-
leurs métalliques éclatantes, généralement vert-
émeraude.

Le genre Lucilie renferme une trentaine d'espèces ayant toutes des mœurs semblables ;
comme nous l'avons déjà dit plus haut, elles
recherchent des cadavres chez lesquels la putréfaction a commencé, pour y déposer leurs œufs ;
de ces œufs sortent des larves qui ressemblent
beaucoup à celles des Calliphores, bien que légèrement plus petites : elles sont blanches, coni-

ques, ont la tête munie de deux cornes charnues
et la bouche armée de deux crochets cornés ; la
partie postérieure du corps est comme tronquée
obliquement et présente deux stigmates sous

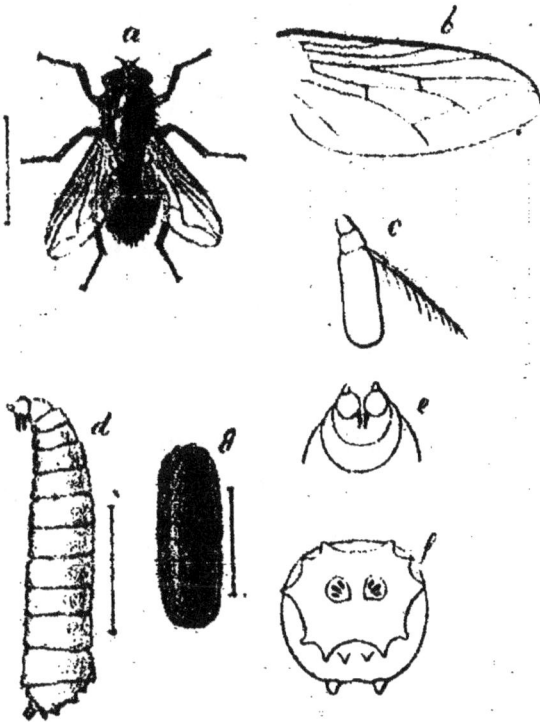

Fig. 4. — *a, Lucilia Cæsar* Rob. D ; *b*, son aile ; *c*, une antenne ; *d*, sa larve ; *e*, extrémité antérieure de cette larve ; *f*, extrémité postérieure de la même ; *g*, nymphe.

forme de trois fentes rayonnantes percées sur
une petite plaque chitineuse arrondie.

Quand elles sont arrivées au terme de leur
développement, c'est-à-dire au bout de quinze à

vingt jours, ces larves cherchent un abri sous terre et se transforment en nymphe, renfermées dans une coque coriace cylindrique, à extrémités arrondies, de couleur roux foncé, formée par le durcissement de leur peau. L'Insecte parfait en sort au bout de quinze à vingt jours suivant l'élévation de la température.

Le genre Lucilie renferme une trentaine d'espèces ; nous nous contenterons d'en décrire une qui en est le type, et à laquelle toutes les autres ressemblent, sauf de légères différences de détails de coloration et de taille.

Lucilia Cæsar (fig. 4). Rob. D. — Longueur sept à neuf millimètres, d'un vert doré brillant, palpes ferrugineux ; face et côtés du front blancs à reflets noirâtres. Épistome d'un rougeâtre pâle ; bande frontale noirâtre, antennes brunes ; pieds noirs.

Genre Sarcophaga. — Ce genre fait partie du groupe des Sarcophagiens, composé de grosses mouches à corps allongé, à épistome saillant et front proéminent, à face carénée, ayant le style des antennes long, velu vers la base et à extrémité nue ; l'abdomen est ovale, allongé, déprimé, avec deux soies au bord postérieur des segments. Première cellule postérieure des ailes ordinairement entr'ouverte, nervure externo-médiaire arquée après le coude et ensuite droite.

Dans le genre Sarcophage, les femelles sont vivipares, phénomène que Réaumur et Degeer ont observé et décrit avec le plus grand soin ; ils ont fait connaître leur matrice merveilleuse formée d'une membrane très délicate, contournée ordinairement en spirale et dans laquelle sont logées les jeunes larves quelquefois au nombre de vingt mille, chacune dans un fin fourreau particulier.

C'est sur les cadavres en putréfaction que ces larves sont successivement déposées ; elles ont la même forme et la même structure que celles des Calliphores et se développent aussi rapidement surtout quand la température est élevée. La chrysalide est aussi semblable et se forme de la même façon, l'insecte parfait en sort au bout de quinze jours et se livre presqu'aussitôt à la reproduction, en sorte que, dans le courant d'une belle saison, trois générations au moins de ces mouches peuvent se succéder sur un cadavre, dont elles ne s'éloignent pas généralement pour se mettre en chrysalide, car c'est dans les plis des vêtements ou des tissus qui l'enveloppent qu'on trouve par myriades les coques vides des nymphes.

Les Sarcophages sont très nombreuses en espèces ; les entomologistes en décrivent vingt-cinq ; beaucoup de genres voisins renferment des mouches qui ont les mêmes mœurs et han-

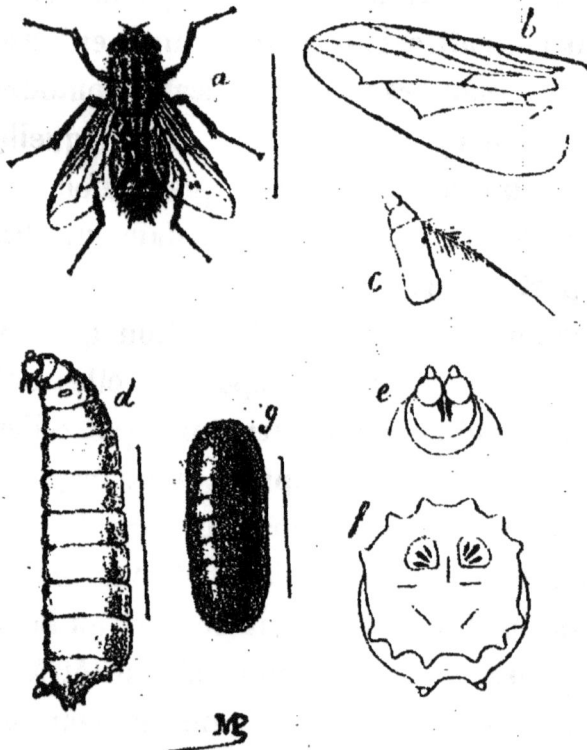

Fig. 5. — *a*, *Sarcophage carnaria* Meig ; *b*, son aile ; *c*, une antenne ; *d*, sa larve ; *c*, extrémité antérieure de celle-ci ; *f*, extrémité postérieure de la même ; *g*, nymphe.

tent aussi les cadavres, telles que les CYNOMYES qui affectionnent particulièrement les cadavres de chiens, et les ONÉSIES. Toutes, soit les unes, soit les autres, peuvent être rencontrées sur les cadavres humains exposés à l'air libre, surtout dans les campagnes ; nous signalerons particulièrement les trois espèces suivantes que nous y avons trouvées le plus fréquemment :

Sarcophaga carnaria (Meig) (*fig.* 5). — Longue de quatorze à seize millimètres, noire, tête jaunâtre, thorax rayé de gris jaunâtre ; abdomen marqueté régulièrement de cendré ; jambes postérieures velues. Ailes à bases grisâtres chez le mâle.

Sarcophaga arvensis. — Longue de huit à dix millimètres ; se distingue de la précédente, non seulement par sa plus petite taille, mais aussi par son style antennaire seulement tomenteux, et par sa face d'un blanc sale.

Elle est un peu moins prolifique que la précédente, mais elle a les mêmes mœurs.

Sarcophaga laticrus. — Longueur six millimètres, semblable à la *carnaria* dont elle se distingue non seulement par sa plus petite taille, mais par ses cuisses antérieures un peu dilatées, et par sa face blanche dans les deux sexes.

TROISIÈME ESCOUADE

La décomposition des cadavres à l'air libre dans nos régions tempérées, où l'atmosphère est toujours plus ou moins chargée d'humidité,

tient le milieu, par ses caractères entre celle qui
se passe dans les corps inhumés dans les cimetières et la momification rapide dans les déserts
des pays chauds, sous l'influence de la chaleur,
ou dans ceux de l'Himalaya sous l'influence du
vent froid et sec qui y règne. Si, dans ces dernières conditions, il ne se forme pas d'adipocire,
comme dans les cimetières, il se forme néanmoins probablement, dit M. Bordas, des acides
gras volatils qui disparaissent peu à peu par
l'évaporation intense à laquelle sont soumis les
corps. A plus forte raison s'en forme-t-il dans
les corps en putréfaction à l'air libre, dans nos
régions, et même de l'adipocire en abondance
chez ceux qui étaient doués d'un certain embon-
point. Ce qui le prouve, c'est l'arrivée à un certain moment, lorsque les Diptères sarcophages
que nous avons décrits, ont en quelque sorte
terminé leur rôle, — de trois à six mois après
la mort —, c'est l'arrivée, disons-nous, d'une
troisième escouade de travailleurs, connus pour
être friands, tant pour eux que pour leur progéniture, de substances grasses qui ont subi la fermentation acide. Ce sont des Coléoptères du genre
DERMESTES et des Lépidoptères du genre AGLOSSA.

DERMESTES. — Les Dermestes sont des In-

sectes bien connus par les dommages qu'ils
causent aux provisions de viandes salées et aux
pelleteries. Ils sont de taille moyenne ou petite,
à corps ovoïde. Leurs larves sont couvertes de
longs poils et se nourrissent de matières animales ; les Insectes parfaits sont aussi carnassiers
que les larves.

Ces larves, cylindro-coniques, ont leurs
anneaux entourés d'une couronne de poils ;
elles sont munies de petites pattes écailleuses au
nombre de trois paires que portent les trois premiers anneaux, et le dernier anneau porte deux
petites cornes pointues, incurvées ; la tête est
armée de fortes mandibules. Elles abondent
dans les charcuteries mal tenues, et on les a
vues percer des cocons de vers à soie, pour pouvoir se repaître des chrysalides mortes tournées
au gras. Nous les avons toujours trouvées, tout
au moins leurs dépouilles, dans des momies
d'enfant et même d'adultes datant d'au moins
six mois après la mort. Pendant trois mois
elles se repaissent, — et même se dévorent
entre elles si la matière alimentaire vient à
manquer —, elles se recouvrent d'excréments
pour se transformer en une nymphe qui a pour
enveloppe la peau de la larve desséchée. Un
mois après, naît l'Insecte parfait.

Trois espèces de Dermestes nous intéressent parce que nous les avons toujours trouvées, les unes ou les autres, sur des cadavres exposés à l'air libre, dont les matières grasses avaient acquis l'odeur de rance, c'est-à-dire avaient subi la fermentation butyrique ; ce sont : le *Dermestes lardarius*, le *Dermestes Frischii* et le *Dermestes undulatus*.

Dermestes lardarius (*fig.* 6). — Long de sept millimètres, noir, avec quelques poils cen-

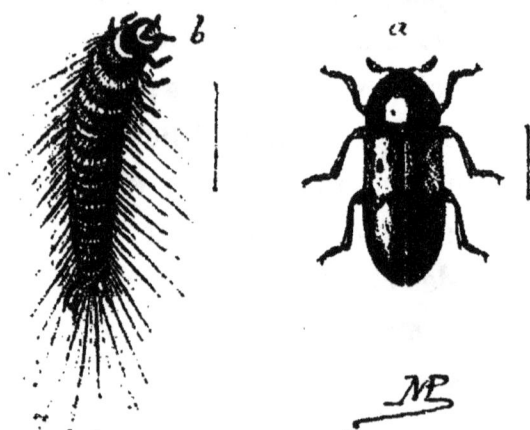

Fig. 6. — *a*, *Dermestes lardarius*; *b*, sa larve.

drés sur le disque du corselet ; moitié antérieure des élytres d'un roussâtre clair avec trois points noirs sur chacune. La larve est longue de dix millimètres, cylindro-conique avec des anneaux d'un brun-rouge, entourés d'une couronne de poils rouges, et des pattes courtes.

Dermestes Frischii (fig. 7). — Long de sept millimètres, entièrement noir, à poils roussâtres sur la tête, d'un gris cendré sur les côtés du corselet, gris roussâtre sur l'écusson. Élytres à pubescence cendrée très rare, pattes noires avec

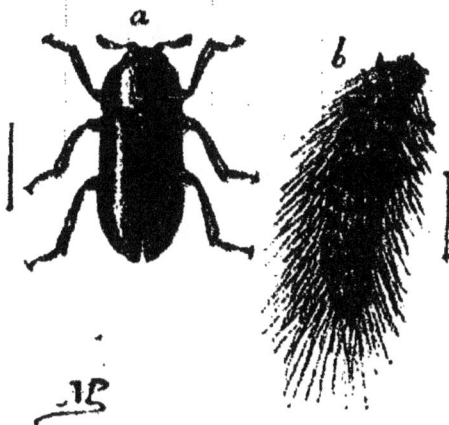

Fig. 7. — *a*, *Dermestes Frischii*; *b*, sa larve.

un anneau de poils blancs à la base des cuisses. Larve semblable à celle du *Dermestes larda-rius*, mais plus poilue.

Dermestes undulatus. — Longueur six milli-mètres, tout noir parsemé de taches pubescentes rousses sur le corselet, grises sur les élytres ; dernier segment de l'abdomen noir avec deux points blancs. Larve semblable aux précédentes.

Nous avons trouvé cette espèce particulière-ment sur les petits cadavres d'enfants à moitié desséchés.

AGLOSSA. — Le genre *Aglossa* fait partie de la famille des Pyrales, petits papillons voisins des teignes, qui volent au crépuscule autour des lumières, et qui, le jour, dorment sous les feuilles.

Ce genre est remarquable par les mœurs de ses chenilles, lesquelles par la disposition de leur système respiratoire peuvent vivre dans les matières grasses qui sont, comme on le sait, une cause de mort pour les autres chenilles dont elles obstruent les organes respiratoires.

Les chenilles des Aglosses sont blanches, épaisses, cylindriques à anneaux renflés, portant une rangée de rares soies en verticiles, atténuées à leurs deux extrémités, lisses, luisantes, à seize pattes : trois paires antérieures écailleuses, coniques, monoongulées, cinq paires postérieures membraneuses, en mamelons très courts, portant une rangée d'une quinzaine de petits crochets ; à tête petite, à écusson corné.

Elles vivent dans les matières animales grasses en voie de fermentation butyrique.

Ce genre renferme deux espèces : L'*Aglossa pinguinalis*, ou Aglosse de la graisse, et l'*Aglossa cuprealis*, ou Aglosse cuivrée. Nous les avons trouvées toutes deux, à l'état de larve sur des cadavres en voie de momification, mais à des périodes différentes : la première tenant société aux Dermestes et, comme eux, consommant des graisses rances. La seconde rongeant des membranes ou du tissu cutané desséchés en compagnie de l'Attagène des pelleteries, de l'Anthrène des musées et de la petite Teigne (*T. Bizelliella*) qui constituent la septième Escouade des travailleurs, où nous les retrouverons quand nous nous en occuperons.

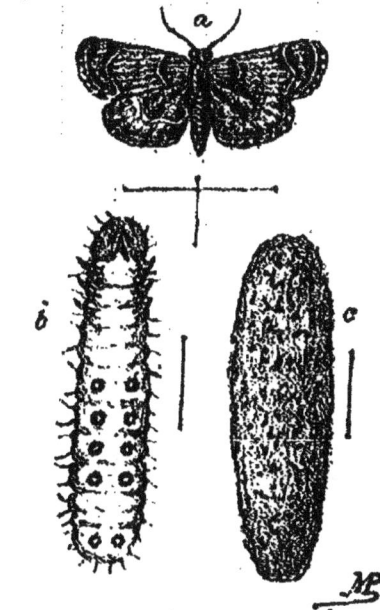

Fig. 8. — *Aglossa pinguinalis*; *b*, sa larve de chenille; *c*, la coque de celle-ci.

Dans la troisième Escouade de travailleurs de la mort, nous n'avons donc, comme Aglosse, que celle de la graisse, dont voici la description :

Aglossa pinguinalis (*fig.* 8). — Ce papillon a de vingt-cinq à trente millimètres d'envergure ; ailes su\" périeures d'un gris jaunâtre luisant ; finement saupoudrées d'atomes noirâtres, traversées par deux lignes jaunâtres bordées de noir et plus ou moins bien marquées ; inférieures plus claires et également luisantes. Il se voit pendant la belle saison dans les cuisines et dans les lieux sombres et malpropres, pond en juillet des œufs d'où sortent des larves qui mettent un mois à se développer, puis se transforme en chrysalide d'où l'insecte parfait sort au bout d'une vingtaine de jours si le temps est favorable ; sinon il passe l'hiver dans cet état et n'éclôt qu'au printemps. Les œufs pondus à l'arrière-saison passent aussi l'hiver et n'éclosent qu'aux premiers beaux jours. Nous avons trouvé des larves sur des cadavres d'enfants en voie de momification, sans autres travailleurs de la même escouade.

QUATRIÈME ESCOUADE

Peu après le développement de la fermentation butyrique dans les matières grasses, s'en développe une autre dans les matières albuminoïdes, qui est une véritable fermentation caséique, car elle appelle les mêmes travailleurs que le fromage dont le degré atteint est celui où se développe cette fermentation. Nous voulons parler de la mouche qui donne les vers du fromage, la *Pyophila casei*, et d'une mouche voisine la *Pyophila petasionis Duf.*

Dans le cadavre d'un individu mort d'apoplexie ou d'anévrisme dans son fauteuil et trouvé dans cette situation, dans sa chambre, au bout de dix mois, les larves de cette dernière mouche s'en échappaient par myriades et étaient facilement reconnaissables aux sauts caractéristiques qu'elles exécutaient ; du reste, l'examen de la mouche obtenue à la suite des métamorphoses de ces larves, nous a prouvé que c'est bien à un Diptère du genre *Pyophila* que nous avions affaire.

En compagnie des larves de cette mouche, nous avons trouvé aussi des larves d'autres mouches du genre ANTHOMYIA et de nombreux exemplaires de jolis coléoptères des trois espèces de CORYNÈTES, occupés à humer les liquides acides qui suintaient du corps en question.

En même temps que ces insectes se trouvaient sur ce corps et dans les cavités splanchniques vides de nombreuses traces, sous forme de coques de nymphes, des travailleurs des troisième, deuxième et première Escouades.

Nous avons donc, comme constituant la quatrième Escouade des travailleurs de la mort, la *Pyophila petasionis* Duf. et les trois espèces du genre CORYNÈTES.

Genre Pyophila. — Les caractères de ce genre, d'après Macquart, sont : corps luisant ; tête petite, trompe épaisse ; palpes en massue. Face un peu inclinée en arrière ; épistome non saillant à deux soies allongées ; front un peu moins large dans les mâles. Antennes couchées et courtes, troisième article ovale, style nu. Écusson triangulaire. Abdomen oblong, déprimé ; organe sexuel du mâle saillant, épais, muni de deux crochets latéraux. Pieds nus. Nervure médiastine des ailes double, s'étendant jusqu'à l'extrémité ; transversales distantes.

Larve ovalo-conique, allongée, anguleuse-aiguë antérieurement, sans tête marquée, rétrécie, obtuse postérieurement, à petits stigmates postérieurs s'ouvrant chacun sur un petit mamelon charnu, affaissé et nu. Organes ambulatoires épineux sur chaque article. Métamorphoses complètes en vingt-cinq ou trente jours. Ces larves sont remarquables par les sauts de carpes auxquels elles se livrent, comme le montre le ver du fromage.

Pyophila petasionis Duf. (*fig.* 9). — Quatre millimètres de long, tête et thorax noir de suie ; abdomen zébré transversalement, chaque anneau ayant le milieu brun foncé et ses bords jaunâ-

très pâles ; pattes brunes. Larves longues de sept
millimètres.

Cette espèce est plus grande que toutes celles,

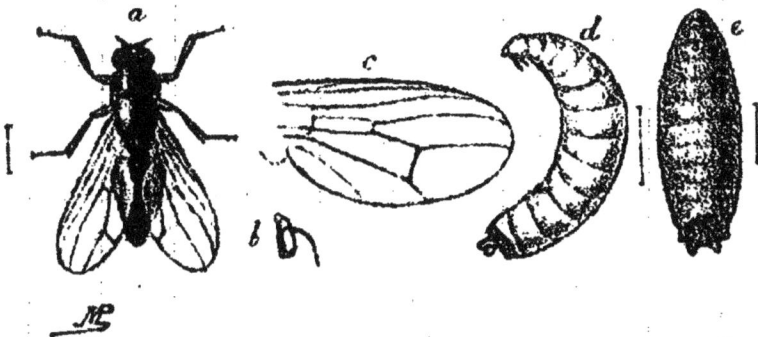

Fig. 9. — *a,* *Pyophila petasionis* Duf.; *b,* une antenne; *c,* une aile;
d, sa larve; *e,* sa nymphe.

au nombre de neuf, décrites par Macquart. Du-
four l'avait trouvée en nombre considérable
dans un jambon, en 1843.

GENRE ANTHOMYIA. — Les Anthomyies font
partie de la tribu des Anthomyzides qui comprend des mouches plus allongées, moins
épaisses que les Muscides. Elles ont les antennes couchées, à troisième article allongé et à
style de deux articles distincts. Yeux ordinairement contigus chez le mâle. Pelottes des tarses
allongées chez le même. Cuillerons médiocres
ou petits. Ailes à première cellule postérieure
ouverte.

Les larves de ces mouches diffèrent de celles

des Muscides par des prolongements styliformes, simples ou rameux, que porte chaque anneau sur les bords du corps, et qui sont plus allongés aux anneaux postérieurs ; ces productions persistent chez les nymphes et deviennent coriaces comme le reste de l'enveloppe.

L'évolution des larves et des nymphes est aussi rapide que chez les Calliphores et on peut observer aussi plusieurs générations dans la même année.

Le genre ANTHOMYIA est caractérisé par des antennes n'atteignant pas l'épistome, à style ordinairement tomenteux, quelquefois nu. Abdomen étroit, atténué à l'extrémité. Cuillerons petits, valve inférieure ne dépassant pas ordinairement la supérieure. Ailes sans pointe au bord externe.

Les Anthomyies sont répandues partout sur toutes les fleurs et particulièrement sur les Ombellifères et les Cynanthérées. Les métamorphoses de la plupart sont encore inconnues. On en connaît qui déposent leurs œufs dans la terre, dans les champignons en décomposition ; avant nos études, on ne connaissait pas celles qui recherchent les cadavres ; on en avait signalé très exceptionnellement sur l'homme vivant : Ainsi le Dr Danthon, de Moulins, a extrait

chez un malade, à la suite d'une forte inflam-
mation de l'oreille, plusieurs larves à pupes,
d'où sont sortis quelques diptères appartenant
au genre Anthomyia, et très voisin de l'*A. plu-
rialis*; ces larves avaient entamé le fond de
l'oreille et faisaient affreusement souffrir le
patient : la mouche, attirée sans doute par
l'odeur d'une accumulation de cerumen fer-
menté, était venue y pondre (¹).

M. le Professeur Laboulbène a eu des larves
de mouche provenant d'une femme qui souffrait
depuis quelque temps de douleurs d'estomac
qui lui avaient fait perdre l'appétit. Le 12 octobre 1855, elle prit de l'huile de ricin, et, après
des efforts violents, elle vomissait au milieu de
mucosités, une cinquantaine de petits vers sur
lesquels elle appela l'attention de son médecin
le Dr Jules Dubois ; les vers, remis à M. le Professeur Laboulbène, il les éleva, les fit éclore et
obtint des mouches du même genre, très voisines de l'*Anthomyia vesicularis* (*loco citato*).

Le Dr Judd rapporte un cas où cinquante
larves de l'*Anthomyia scalaris* (Meig.) furent
évacuées du gros intestin d'un enfant dans le

(¹) Thèse de M. le Dr PRUVÔT. — *Contribution à
l'étude des larves de mouches trouvées dans le corps
humain*. Paris 1882.

Kentucky ; il les suivit jusqu'à l'état d'insecte parfait (*loco citato*).

Il est plus que probable que, dans ces derniers cas, ces larves avaient été introduites jeunes dans l'organisme avec des aliments, de la charcuterie par exemple, qui avaient subi un commencement d'altération et sur lesquels une femelle d'Anthomyie avait pondu.

Nous avons trouvé très fréquemment, dans les cadavres humains d'individus adultes ou d'en-

Fig. 10, — Larves et nymphes d'Anthomyies.

fants morts depuis plus de six mois, des larves d'Anthomyies ou leurs pupes. Nous en avons trouvé aussi sur du fromage de Coulommiers mou très avancé.

Dans des cadavres d'enfants nous avons trouvé des nymphes de deux espèces d'Anthomyies, l'une à prolongements latéraux simples, l'autre à prolongements ramifiés (*fig.* 10). Des individus adultes, trouvés morts dans des pupes de la seconde forme, nous ont permis de reconnaître des Anthomyies très voisines de l'espèce *Anthomyia vicina,* sans être cependant certain que ce soit la même. Elle constitue probablement une espèce nouvelle. Quant à la première forme de nymphe, nous ne possédons aucun élément pour pouvoir déterminer l'espèce à laquelle elle appartient.

L'*Anthomyia,* que nous nommons dubitativement *vicina* a cinq millimètres de long ; elle est entièrement d'un noir brillant et a l'abdomen conique. Nous avons trouvé ses débris et les coques de sa nymphe en abondance dans les mêmes cadavres où nous avions trouvé des pupes vides de la *Curtonevra stabulans.* Les Anthomyies sont aussi des mouches rurales, et non des citadines. Ce fait donne des renseignements très utiles, au point de vue de la détermination de la localité où la mort du sujet a pu survenir.

GENRE CORYNÈTES, OU NÉCROBIA. — Ce genre comprend de petits Coléoptères de la famille des *Clérides,* ou *Térédiles,* dont les larves sont carnassières et vivent aux dépens d'autres insectes, ou de matières animales. Les types de cette fa-

mille, les *Clerus* ou Clairons, font de grands
ravages dans les ruches d'abeilles, dont elles
dévorent le couvain.

Le genre CORYNÈTES a pour caractère : cinq
segments à l'abdomen au lieu de six ; corselet
très rétréci à la base, présentant sur les côtés
une ligne longitudinale saillante, et le quatrième article de tarses à peine distinct ; antennes courtes terminées par une petite massue
de trois articles ; tarses assez courts, premier
article recouvert en-dessus par le deuxième,
crochets munis d'une large dent basilaire.

Les insectes composant ce genre, d'un bleu
d'acier, se trouvent dans les pelleteries, dans les
matières animales desséchées, où ils font probablement, dit Fairmaire, la chasse aux larves
d'Anthrènes et de Dermestes. Nous les avons
trouvés, nous le répétons, dans des cadavres
humains à l'air libre, une dizaine de mois après
la mort, occupés à humer les liquides acides
suintant, en compagnie de myriades de larves
de Pyophiles. Nous les avons trouvés aussi sur
des pièces anatomiques osseuses et en particulier sur des squelettes de baleines, au laboratoire d'anatomie comparée du Muséum, squelettes laissant suinter des liquides gras à forte
odeur de rance.

Ce genre comprend quatre espèces, que l'on trouve ordinairement ensemble, surtout les deux premières, que nous allons brièvement décrire, les autres ne constituant probablement que des variétés. Ces espèces sont : *C. cæruleus, C. ruficollis, C. violaceus, C. rufipes*. Leurs noms indiquent leurs caractères distinctifs.

Corynètes cæruleus (fig. 11 *b).* — Cinq millimètres, entièrement d'un beau bleu d'acier, très

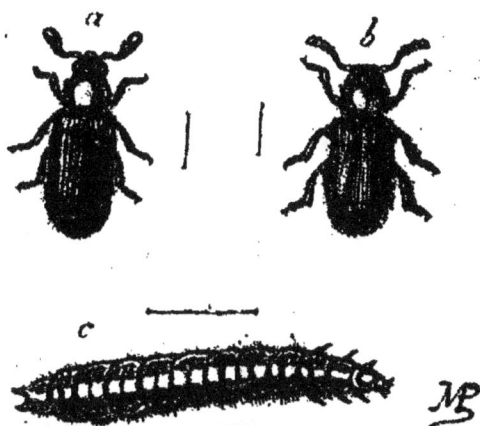

Fig. 11. — *a, Corynètes ruficollis; b, corynètes cæruleus.*

brillant, couvert de poils noirs ; élytres à lignes de points assez régulières.

Corynètes ruficollis (fig. 11 *a)* même taille ; corselet rouge ainsi que la base des élytres et les pattes.

CINQUIÈME ESCOUADE

Aux fermentations butyriques et caséïques succède une fermentation ammoniacale composite sous l'influence de laquelle se produit une liquéfaction noirâtre des matières animales qui n'ont pas été consommées par les travailleurs des précédentes escouades, et dont les émanations appellent une cinquième série de travailleurs appartenant aussi aux Diptères et aux Coléoptères.

Les Diptères de cette Escouade sont des mouches inférieures, petites, rangées par les Entomologistes dans la sous-tribu des ACALIPTÈRES, qui a pour caractères : le style des antennes d'un ou deux articles distincts ; le front large chez les mâles et les femelles ; les cuillerons nuls ou rudimentaires ; la première cellule postérieure des ailes ouverte.

Les mouches de cette section peuvent être divisées en deux groupes, suivant leur manière de vivre : les unes recherchent les décompositions animales, les autres les substances végétales vivantes. Les premières seules nous intéressent ; elles appartiennent aux genres Tyréophore, Lonchée, Ophyra et Phora.

Les Tyreophores ont le corps allongé, une tête épaisse, ovalaire, convexe, un front velu, large ; des antennes rapprochées, ayant leurs deux premiers articles fort courts, peu distincts et le troisième lenticulaire ; style de deux articles ; yeux petits ; écusson du mâle fort allongé, tronqué, terminé par deux soies ; petit et un peu triangulaire chez la femelle. Abdomen du mâle étroit, déprimé de six segments distincts ; ovalaire chez la femelle. Pieds velus, les postérieurs allongés. Ailes longues à nervure médiastine simple.

Les espèces susceptibles d'être rencontrées sur des cadavres humains sont les suivantes :

Tyreophora cynophila. — Mâle long de six millimètres, longueur de la femelle neuf millimètres. Bleu noirâtre ; tête phosphorescente rouge orangée ; front à deux taches noires ; premier article des antennes fauve. Pieds noirs. Ailes à point noir sur les nervures transversales.

A été rencontrée à l'état de larve, principalement sur les cadavres de chiens à demi-desséchés.

Tyreophora furcata. — Mâle long de trois à quatre millimètres, femelle longue de cinq à six millimètres. Fauve, thorax noir un peu bleuâtre ; écusson brun testacé. Abdomen bru-

nâtre, velu. Pieds velus. A été trouvée ainsi
que sa larve sur des cadavres de chevaux, de
bœufs, de chiens, etc., à demi-desséchés.

Tyreophora Anthropophaga. — Longueur
des deux sexes, deux millimètres, linéaire, rougeâtre mêlé de brun.

Robineau-Devoidy l'a trouvée à Paris à l'École
de médecine sur des préparations anatomiques
humaines. Les larves en réduisaient le tissu à
poudre impalpable constitué par leurs excréments.

Genre Lonchée. — Ce genre comprend des
mouches à corps assez large, nu, à tête déprimée, avec l'ouverture buccale large, la trompe
non saillante ; le troisième article des antennes,
allongé ; les yeux oblongs ; l'abdomen ovale,
déprimé, de cinq segments distincts. Pieds nus,
cuisses antérieures ciliées. Ailes couchées, à
nervure médiastine double.

Lonchea nigrimana longue de quatre millimètres, noir verdâtre brillant. Antennes courtes.
Tarses intermédiaires et postérieurs jaunes.

Nous avons trouvé des cadavres de cette mouche et des coques de sa nymphe dans un cadavre
d'enfant desséché, mort depuis dix-huit mois.

GENRE OPHYRA. — Ce genre comprend des
mouches qui n'étaient connues des Diptérolo-
gistes que comme vagabondes et fréquentant les
bosquets, et on ignorait totalement où se déve-
loppaient leurs larves, comme les suivantes, du
reste ; nous sommes le premier à avoir constaté
leur présence sur des cadavres. Ces mouches se

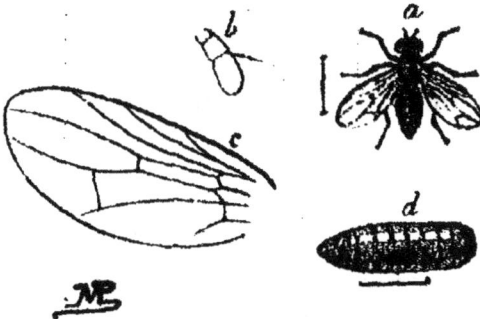

Fig. 12. — a, *Ophyra cadaverina*; b, une antenne; c, une aile ;
d, nymphe.

distinguent des précédentes par le style des antennes nu ; par la brièveté des soies du front,
par un abdomen ovale, ordinairement velu chez
le mâle et nu chez la femelle, des ailes à nervures transverses assez rapprochées. Ces mouches se reconnaissent encore au noir pur et
brillant du corps.

La mouche de ce genre que nous avons trouvée
presque constamment sur les cadavres, à l'état
de larves et de nymphes, surtout sur des cadavres exhumés à Saint-Nazaire, et qui, à l'éclo-

sion, nous ont donné une grande quantité d'insectes parfaits, est très voisine de l'*Ophyra leucostoma* dont elle a la taille, cinq millimètres, et la couleur noir bleu brillant, et la face noire, mais elle s'en distingue par l'absence de point blanc à la base des antennes et par un abdomen un peu moins velu chez le mâle; aussi proposons-nous de la nommer *O. cadaverina* (*fig.* 12).

GENRE PHORA. — Ce genre comprend de

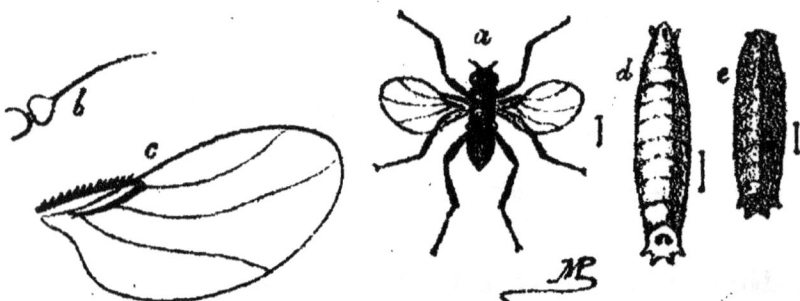

Fig. 13. — a *Phora aterrima*; b, antenne; c, ailes, d, larve; e, nymphe.

toutes petites mouches qui ont le front muni de soies dirigées en arrière; le dernier article des antennes globuleux prolongé par un long style; les pieds longs garnis de soies; les ailes ciliées à nervure marginale le plus souvent bifurquée à l'extrémité de l'aile, les médiaires ordinairement droites.

Phora aterrima (fig. 13). — Longueur deux millimètres d'un noir velouté ; jambes intermédiaires armées de pointes longues chez le mâle, assez courtes chez la femelle. Ailes yalines ; côte ciliée.

La larve, et par suite la nymphe, est prismatique triangulaire, à arrêtes arrondies ; extrémité postérieure tronquée et munie de quatre pointes charnues divergentes. Stigmates antérieurs constitués par deux petits tubes saillants ; les postérieurs en forme de pointe au milieu de la petite surface tronquée de l'extrémité postérieure.

Nous avons trouvé en abondance cette mouche et sa larve sur des cadavres d'enfants à moitié desséchés, et surtout sur des cadavres en pleine décomposition déliquescente noire datant de plus d'un an.

Nous verrons plus loin qu'elle abonde dans les cadavres humains inhumés depuis environ deux ans, sur lesquels la larve grouille par myriades.

Les Coléoptères de la cinquième escouade des travailleurs de la mort appartiennent tous à la famille des SILPHIDES et aux genres NÉCROPHORUS, SILPHA, HISTER et SAPRINUS.

« La famille des SILPHIDES, ou des SILPHOIDES, ou des SILPHALES, dit le Dr Scriziat [1] renferme

---

(1) Dr SERIZIAT. — *Histoire des Coléoptères de France.* Paris, 1880.

des Insectes très utiles et qui nous rendent les plus grands services en faisant disparaître les cadavres des taupes, des souris et autres petits animaux, qui seraient une cause permanente d'infection. Les Nécrophores et les Silphes sont chargés de ce soin : dès qu'un cadavre commence à se décomposer, on les voit accourir au moment du crépuscule, se réunir en nombre suffisant et le faire disparaître en creusant la terre au-dessous jusqu'à ce qu'il soit complètement enseveli. Avant de le quitter, les femelles disposent leurs œufs et assurent à la fois la nourriture de leur postérité et la destruction du cadavre, que les petites larves rongent jusqu'aux os. Ce ne sont pas seulement les petits animaux qu'ils enterrent ainsi ; les cadavres de chiens, de moutons, etc., sont dépecés par des légions d'insectes destructeurs et une grande espèce, le *Silpha littoralis*, s'attaque même aux carcasses de chevaux et de bœufs et on les y rencontre en grand nombre ».

Nous ajouterons les cadavres humains à ceux qui sont attaqués par les Silphides et que cite le Dr Seriziat.

GENRE NÉCROPHORUS. — Nous avons, en France, neuf espèces de Nécrophores, qui ont pour ca-

ractères génériques : des antennes de dix articles
et des élytres noires ou bariolées de jaune.

Nous n'avons encore rencontré sur les cadavres des grands mammifères et de l'homme
qu'un Nécrophore qui vit solitaire sur les cadavres où la femelle dépose ses œufs. Il ne paraît
pas chercher les cadavres des petits animaux
pour les enterrer comme font les autres Nécrophores et surtout le plus commun de tous, le
Nécrophorus fossor. Ce Nécrophore, que l'on a
nommé *N. humator*, est tout noir, avec la massue des antennes rousse.

GENRE SILPHA. — Les Silphes ont pour caractère d'avoir des antennes de onze articles et les
élytres rebordées ; tous sont noirs. Ils font disparaître les cadavres en les dévorant, mais ils
ne les enterrent pas comme certains Nécrophores.

Nous ne parlerons que de deux espèces sur
les dix que renferme ce genre, parce que ce sont
les seules que nous ayons rencontrées jusqu'à
présent sur les cadavres humains ainsi que leurs
larves.

Sylpha littoralis la plus grande espèce, vingt-
cinq millimètres ; ressemble à un Nécrophore.
Tout noir avec la masse des antennes rousse.
Corselet circulaire ; élytres rebordées avec trois

lignes en relief sur chacune ; une saillie de chaque côté de l'écusson, un autre au-dessus de l'angle postérieur externe, comme chez le Nécrophorus humator.

Silpha obscura (*fig.* 14 *a*). Elle a quinze millimètres de long, le corselet très ponctué, des élytres avec trois nervures saillantes à intervalles ponctués. Très commune.

La larve (*fig.* 14 *b*) est noire, aplatie, allongée, plus large en avant, à douze anneaux for-

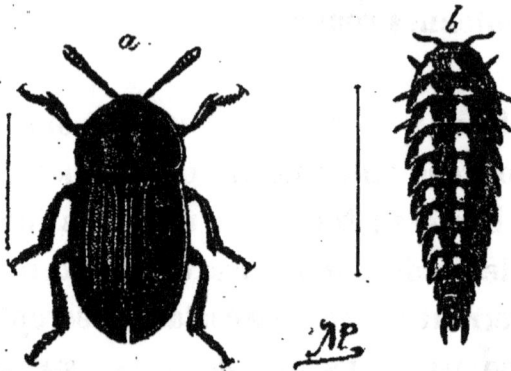

Fig. 14. — *a, Silpha obscura; b,* sa larve.

mant des dentelures latérales en soie ; elle est très agile et se cache sous les cadavres ; elle vit plusieurs mois et se transforme en nymphe après s'être enfoncée dans la terre pour passer l'hiver dans cet état, et donner des individus adultes au printemps suivant.

GENRE HISTER OU ESCARBOT. — Les Histers ont

le corps presque carré, déprimé, très dur ; des mandibules pointues, les jambes postérieures armées d'un double rang d'épines. Tous sont noirs.

Leurs larves sont de forme presque linéaire pourvues de six pattes courtes, et terminées postérieurement par deux appendices articulés et un prolongement anal. Elles vivent aussi longtemps que celles des Silphes avant de se métamorphoser.

Les Histers et leurs larves vivent comme les précédents dans les cadavres dont ils activent singulièrement la décomposition. Quelques espèces préfèrent les matières stercorales.

Parmi les premières, nous citerons la suivante que nous avons rencontrée fréquemment sur des cadavres humains.

Fig. 15.
Hister cadaverinus.

Hister cadaverinus (fig. 15). — Long de six millimètres, ovale, noir brillant ; deux stries latérales entières au corselet ; élytre avec quatre stries externes entières et deux internes qui n'occupent que la moitié postérieure ; pygidium ponctué ; jambes antérieures à cinq dents.

GENRE SAPRINUS. — Les Saprinus sont très voisins des Histers par leurs formes et leurs mœurs ; on les trouve presque toujours ensemble. Ils s'en distinguent par leur corselet qui n'a pas de stries latérales et par leurs élytres qui sont ponctuées avec des espaces libres et brillants. Leurs espèces sont fort nombreuses, nous n'en citerons qu'une que nous avons rencontrée adulte, sur la tête de la momie d'un jeune garçon de huit ans, mort depuis dix-huit mois. Cet insecte paraissait ve-

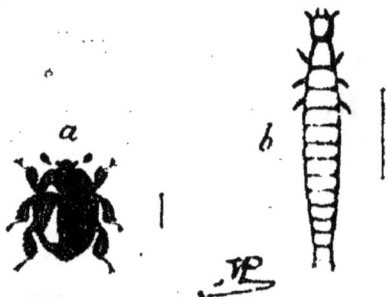

Fig. 16. — *a, Saprinus rotondatus;* *b,* sa larve.

nir de l'intérieur du corps où il aurait subi sa métamorphose.

Saprinus rotondatus (fig. 16) ressemble à un petit Hister lisse et brillant qui n'aurait que trois millimètres de longueur.

Larve de douze millimètres de long (*fig.* 16 *b*) blanchâtre, allongée comme celle des Histers dont elle a les mêmes habitudes.

SIXIÈME ESCOUADE

Les travailleurs de celte escouade achèvent d'absorber toutes les humeurs dont le cadavre reste encore imprégné et qui sont, en quelque sorte, les restes des précédents. Le résultat de leur action c'est la dessication complète, ou la momification des parties organiques qui ont résisté aux diverses fermentations qui se sont succédé et dont l'ensemble constitue la putréfaction.

Tous les travailleurs de cette escouade sont des Acariens, fonctionnant à tous les âges et surtout à celui de femelle ovigère qui est l'âge d'absorption par excellence. L'action de certains Acariens est telle que si les circonstances les font arriver sur un cadavre en même temps que les travailleurs des premières escouades, tout en laissant ceux-ci fonctionner dans les cavités splanchniques, ils pénétreront sous la peau, dans le système musculaire, y pulluleront à l'infini, tout en absorbant les humeurs liquides et le tissu propre de l'organe en respectant le tissu conjonctif, et le cadavre sera réduit à l'état de momie, sans passer par les fermentations

butyrique, caséique, ammoniacale, et en conservant ses formes extérieures mieux qu'une
momie égyptienne ; ses téguments ayant la consistance et la sonorité du parchemin et la couleur
brune-orangée que les entomologistes nomment
testacée. C'est par ces Acariens, du reste, que
nous allons commencer l'histoire des travailleurs
de la sixième Escouade, car ils appartiennent
à la famille des Gamasidés et au genre Uropoda.

GENRE UROPODA. — Les Uropodes sont des
Acariens assez grands et plus voisins des Coléoptères que des Arachnides, car ce sont de véritables hexapodes, chez lesquels on voit clairement
que ce sont les palpes labiaux, à peine modifiés,
mais agrandis qui constituent la première paire
de pattes, lesquelles sont restées des organes
tactiles dans toute la famille. Ils ont un appareil
respiratoire complet, comme tous les Gamasidés,
et une seule paire de stigmates situés entre les
hanches des deuxième et troisième paires de
pattes. Ils sont de forme ronde ou ovale avec
des téguments entièrement coriaces, formant
deux plastrons, un supérieur plus ou moins
bombé et dépassant le rostre et le plastron inférieur qui est plat ; au pourtour de celui-ci sont
ménagées des dépressions ou fossettes dans les-

quelles l'Acarien retire ses pattes lorsqu'il fait le mort, comme la tortue. Les deux plastrons sont soudés sur toute leur circonférence. Le rostre, qui est rétractile et duquel fait partie la première paire de pattes, est inséré dans une échancrure ronde, taillée dans le bord antérieur du plastron inférieur.

L'espèce qui nous intéresse et que nous avons découverte et trouvée par myriades dans les tissus sous-cutanés du cadavre d'une jeune femme, momifié par son fait et trouvé dans une cave à Nantes, est la suivante :

Uropoda nummularia (nobis) (*fig.* 17). — Nous lui avons donné ce nom à cause de sa forme

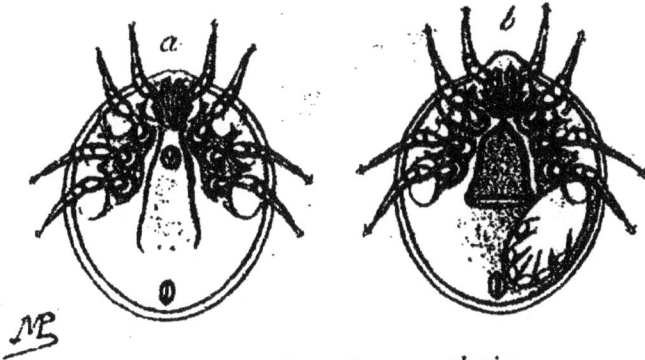

Fig. 17. — *Uropoda nummularia.*
a, mâle, *b*, femelle.

aplatie et presque aussi ronde qu'une pièce de monnaie (*nummulus* petite monnaie). Elle est de couleur roux-acajou. La femelle se distingue du mâle par une sorte d'épistome arrondi et saillant dépendant du plastron dorsal, ce qui la rend moins ronde que le mâle ; elle est vivipare comme tous les autres Uropodes. Leurs dimensions sont les suivantes :

Femelle : longueur 0^{mm},90 largeur 0^{mm},70
Mâle :   »   0, 80   »   0, 70

Cet Uropode habite normalement dans les pailles, le fumier, et vit de toutes sortes de matières organiques en décomposition.

GENRE TRACHYNOTUS. — Ce genre appartient, comme le précédent, à la famille des *Gamasidés* ; il en est très voisin, mais s'en distingue par ses pattes plus grandes et par l'absence de fossettes, pour les loger, dans le plastron inférieur.

Les Trachynotus ont des mœurs analogues à celles des Uropodes. Nous n'en avons rencontré qu'une espèce sur des cadavres en voie de momification ; c'est la suivante, nouvelle aussi, à laquelle nous avons donné le nom de :

Trachynotus cadaverinus (nobis) (*fig.* 18). — Corps de forme ovalaire, arrondi chez la femelle, piriforme et beaucoup plus petit chez le mâle, rhomboïde chez la nymphe ; bombé en dessus, plat en-dessous, de couleur roussâtre

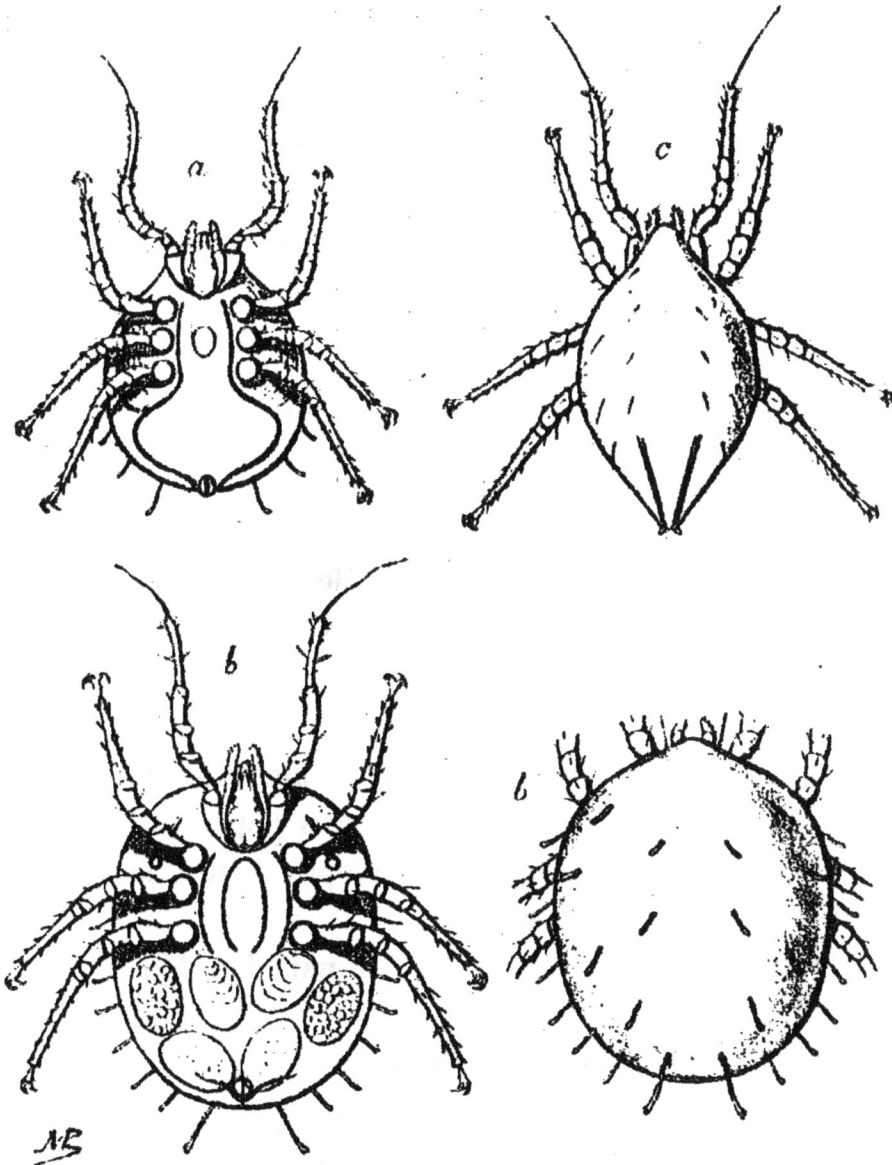

Fig. 18. — Trachynotus cadaverinus.
a, mâle; b, femelle face inférieure; b', la même face dorsale;
c, nymphe

pâle ; présentant en dessus des poils clairsemés
plantés en quinqonce, tronqués et un peu en
massue chez les adultes, fins et sétifères chez la
nymphe. A tous les âges, la première paire de
pattes privée d'ambulacre, se termine par une
longue soie et fait office de palpes. Voici les dimensions de cette espèce :

Femelle : longueur $1^{mm},10$ largeur $0^{mm},80$
Mâle : // 0, 65 // 0, 50
Nymphe : // 0, 85 // 0, 60

Nous avons trouvé les dépouilles de cet Acarien en abondance sur des cadavres de fœtus
humains desséchés et jetés sur du paillis dans
un jardin ; ils étaient en compagnie de nombreux Tyroglyphes et Glyciphages, morts aussi :

Les autres Acariens des cadavres appartiennent tous à la famille des Sarcoptidés et à la
tribu des Tyroglyphinés.

Les Tyroglyphinés sont des Animalcules blanchâtres, quelquefois rosés, de grandeur variant
entre un dixième et un millimètre, à corps
mou à l'état adulte ou de larves ou nymphes
normales, cuirassé chez les nymphes adventives ou hypopiales ; sans yeux, ni appareil
respiratoire complet ; à rostre pourvu de *mâ-
choires* inermes, soudées avec la *languette* de

manière à former une lèvre inférieure demi-cy-
lindrique, ou en forme de cuiller, sur laquelle
glisse une paire de mandibules chelifères, ou en
scie, courtes à mouvement alternatif comme chez
tous les Acariens ; palpes maxillaires à trois articles cylindriques libres, ou en partie soudées
sur les côtés de la lèvre maxillo-labiale. Pattes
à cinq articles, disposées en deux groupes : l'un,
antérieur, près du rostre ; l'autre, postérieur, ab-
dominal ; tarses terminés par un, rarement par
plusieurs crochets inégaux accompagnés ordinairement d'une caroncule vésiculeuse, ou en cloche
formant alors une ventouse quelquefois pédon-
culée. Génération ovipare ; larve hexapode et
nymphe normale ayant la forme générale des
parents. Accroissement par métamorphoses où
le corps de l'individu se renouvelle entièrement
sous la peau de son prédécesseur, et se complète. Nymphes à métamorphoses adventives,
donnant naissance à une forme transitoire cui-
rassée que nous avons nommée *hypopiale*, et
qui retourne à la forme normale après une nouvelle métamorphose.

La tribu des Tyroglyphinés comprend des
Acariens qui ne sont jamais parasites et qui vivent sur les matières animales ou végétales en
décomposition. Ils ont le corps ovoïde ou sub-

cylindrique, à tégument lisse, portant des poils ou soies lisses, barbelées, plumeuses ou palmées; leurs pattes sont sub-égales et toujours complètes chez les adultes, les larves et les nymphes normales. L'extrémité abdominale est généralement arrondie et lisse dans les deux sexes.

La tribu des Tyroglyphinés se subdivise en six genres qui ont les caractères différentiels suivants :

Poils barbelés plumeaux ou palmés.			GLYCIPHAGUS
Poils lisses	Tarses à caroncules	Mâles avec ventouses copulatrices.	TYROGLYPHUS
		Mâles sans ventouses copulatrices.	CARPOGLYPHUS
	Tarses sans caroncules	Rostre à mandibules chélifères.	CŒPOPHAGUS
		Rostre à mandibules en scie.	SERRATOR

GENRE GLYCIPHAGUS. — Les Glyciphages ont été ainsi nommés parce que les premiers découverts l'ont été sur du vieux miel, ou sur des pruneaux dont ils mangeaient la matière sucrée.

On en distingue plusieurs espèces caractérisées surtout par la forme et la longueur des poils ; nous ne décrirons que les deux plus communes, qui se rencontrent partout, dans les selliers, les

garde-mangers, les charniers, partout où il y a
des matières organiques mortes ; c'est pourquoi
les anciens auteurs les regardaient comme d'une
seule espèce qu'ils avaient nommé *Acarus des-
tructor* ; ce sont aussi les seules que nous ayons
rencontrées sur les cadavres humains.

Glyciphagus cursor (fig. 19). — Corps de
couleur gris-perle, lisse et brillant, cylindro-conique, très atténué en avant, très arrondi en
arrière, ne présentant pas de sillon entre les
deuxième et troisième paires de pattes, ce qui,
avec la longueur et la gracilité des pattes terminées par des ventouses, avec les soies finement
barbelées plantées régulièrement sur le corps et
ne dépassant pas sa longueur, permet de les
distinguer des espèces et genres suivants.

Voici ses dimensions :

Femelle ovigère	longueur	0^{mm},75	largeur		0^{mm},40
Mâle	//	0,	43	//	0, 30
Nymphe octopode . . .	//	0,	40	//	0, 30
Larve hexapode	//	0,	30	//	0, 10
Œuf	//	0,	13	//	0, 08
Kyste sphérique hypopial .	//	0,	18	//	0, 18

Glyciphagus spinipes Ch. Rob. — Semblable
au précédent ; n'en diffère que par des soies bien
plus longues que le corps et par des tarses couverts de fines épines.

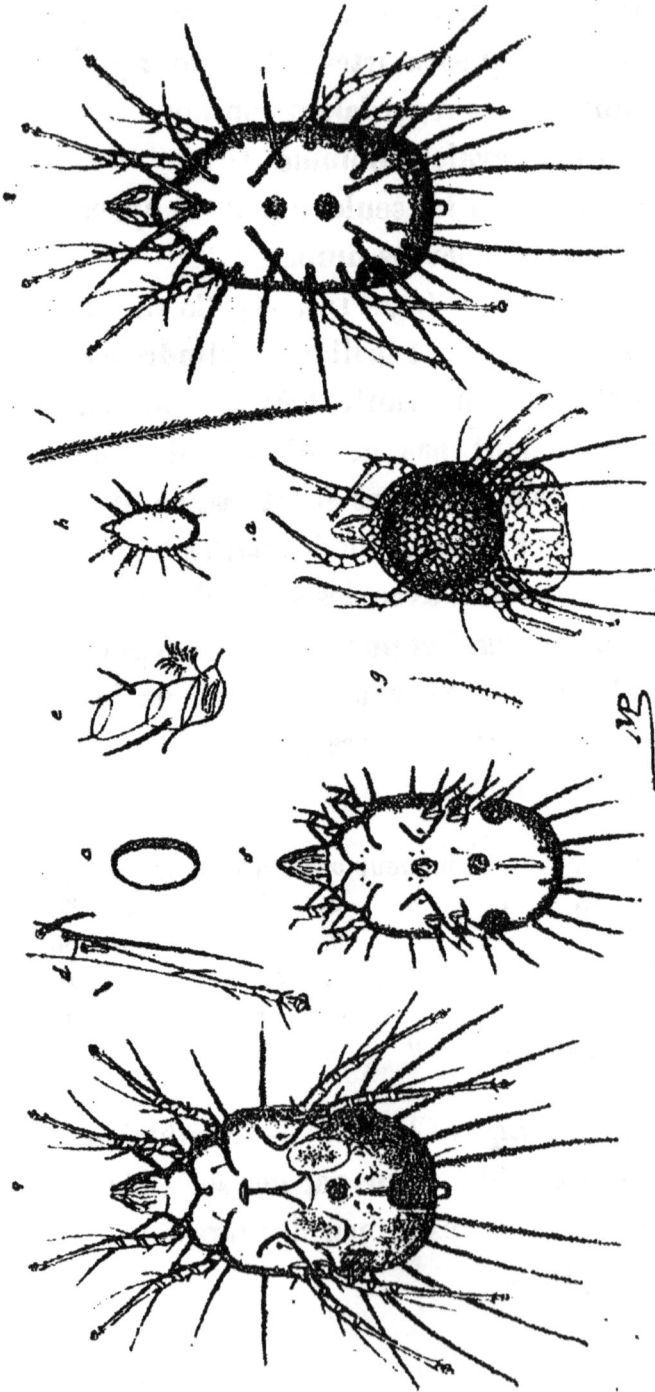

Fig. 19. — Glyciphagus cursor.

♀, femelle ; ♂, mâle ; *a*, kyste de conservation ; *b*, larve ; *c*, œuf ; *d*, tarse ; *e*, stigmate ; *f*. poil ou soie ;
g, profil de la peau.

Nous avons trouvé fréquemment ces deux
espèces de Glyciphages à l'état de dépouilles
mortes sur tous les cadavres humains et surtout
d'enfants, arrivés à l'état de momification complète à l'air libre et arrivés à la deuxième année
après la mort.

Genre Tyroglyphus. — Les Tyroglyphes ressemblent aux Glyciphages, et pour la forme et
pour la taille, mais leurs poils sont lisses ; ils
sont d'une couleur de perle, avec les pattes robustes et rosées, et présentent un sillon formant
ceinture entre la deuxième et la troisième paire
de pattes ; de plus, les mâles ont une paire de
ventouses copulatrices près de la commissure
postérieure de la fente anale. Ils sont aussi
moins agiles que les Glyciphages.

Ils présentent la curieuse particularité de produire des nymphes adventives que nous avons
nommées hypopiales, résultant d'une métamorphose particulière de la nymphe normale qui
survient sous l'influence de certaines circonstances, comme la famine. Ces nymphes hypopiales sont des agents de conservation de l'espèce
et de dissémination ; on les trouve souvent at-
tachées aux téguments de toutes sortes d'animaux, mammifères, reptiles, insectes et surtout

des mouches, par lesquelles elles arrivent sur
les cadavres en voie de dessication, où elles re-
prennent leur forme normale et se mettent en
devoir de pulluler. Elles avaient été prises par
les auteurs qui nous ont précédé pour des espèces acariennes définies, et nommées *Hypopus*
Homopus, *Trichodactylus*. Ces noms deve-
naient nuls après que nous eûmes découvert
qu'elles n'étaient que des larves adventives de
Tyroglyphinés ; nous nous servîmes du premier,
transformé en adjectif, pour qualifier ces nymphes du nom de nymphes hypopiales.

Le genre *Tyroglyphus* comprend plusieurs
espèces : le *T. siro*, le *T. longior*, le *T. farinæ*,
le *T. entomophagus*, le *T. siculus*, le *T. myco-*
phagus et le *T. urophorus*. Nous n'avons jamais
rencontré que les deux premières sur les cadavres en voie de momification.

Tyroglyphus siro (*fig.* 20). Corps de couleur
gris-perle, brillant, avec deux vésicules jaune
verdâtre sous-tégumentaires de chaque côté de
l'abdomen ; cylindrique, arrondi en arrière, conique en avant, aplati en-dessous, avec deux
dépressions longitudinales sur le noto-gastre, en
arrière du sillon transversal thoracique et de
chaque côté de la ligne médiane. Soies disposées
comme chez les Glyciphages, mais lisses, égalant

à peine en longueur la largeur du corps. Pattes
sub-égales, la première paire plus volumineuse
chez le mâle avec une apophyse conique au bord
inférieur du deuxième article, et deux tubercules
aplatis sur la face supérieure et au milieu des
tarses de la quatrième paire. Tarses robustes
sub-cylindriques terminés par une ventouse vé-
siculaire à trois lobes, sessile, du centre de laquelle émerge un petit crochet.

Voici les dimensions de cette espèce dans les
deux sexes et aux divers âges :

Femelle ovigère . .	longueur 0mm,60	largeur 0mm,28
Mâle	// 0, 50	// 0, 20
Nymphe normale. .	// 0, 30	// 0, 18
Nymphe hypopiale .	// 0, 30	// 0, 20
Larve hexapode . .	0,25 à 0, 25	0,08 à 0, 15
Œuf	// 0, 12	// 0, 06

La nymphe normale et la larve hexapode ressemblent aux parents au point de vue de la
conformation générale et de la consistance des
téguments ; elles ne s'en distinguent guère, la
première, que par l'absence d'organes sexuels, la
seconde, par le même caractère et, en plus, par
l'absence de la quatrième paire de pattes.

La nymphe hypopiale ne ressemble en rien
aux autres membres de la famille : elle a les
téguments entièrement coriaces et rougeâtres,

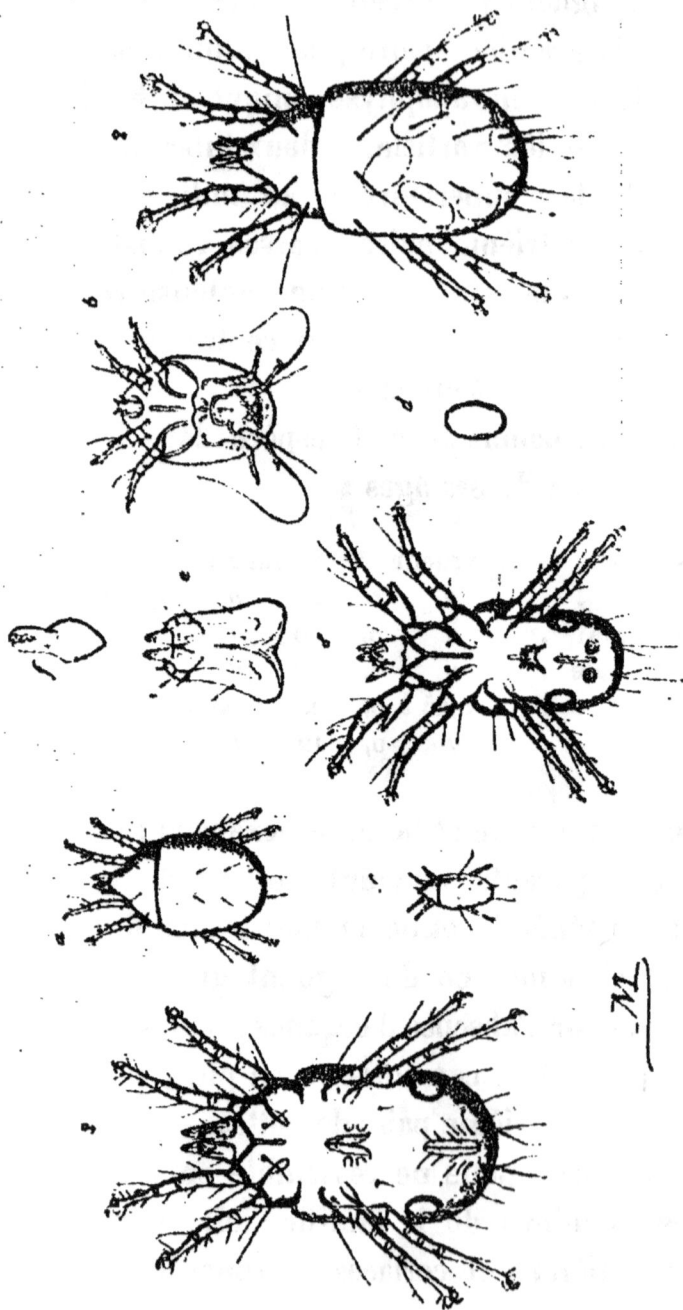

Fig. 20. — Tyroglyphus siro.

♂, mâle ; ♀, femelle : *a*, nymphe normale ; *b*, nymphe hypopiale ; *c*, larve ; *d*, œuf ; *e*, rostre face inférieure ; *f*, une mandibule.

elle est ovale, arrondie en arrière, obtusement angulaire en avant, bombée en dessus, plate en dessous, sans rostre qui n'est représenté que par une lèvre inférieure mobile terminée par deux poils ; corps supporté par quatre paires de pattes grêles dont les trois premières sont terminées par un petit ongle et la quatrième par une soie. Sous l'abdomen, particularité caractéristique des nymphes hypopiales en général, à l'endroit où devrait se trouver l'anus qui n'existe pas, se trouve un groupe de ventouses disposées par paires, au nombre de dix, qui servent à l'acarien pour s'attacher aux Insectes, ou à d'autres êtres et pour se faire voiturer.

Le *Tyroglyphus siro* et sa nombreuse progéniture foisonnent sur les croûtes des fromages secs, comme le gruyère, ou toute autre substance protéique qui a subi la fermentation caséique ; nous l'avons toujours trouvé en abondance sur les cadavres qui se dessèchent à l'air libre, ainsi que le suivant :

Tyroglyphus longior (P. Gervais). Ce Tyroglyphe a tous les caractères généraux du précédent ; il n'en diffère que par son corps plus allongé, ses poils dépassant en longueur celle du corps, des tarses plus longs et toutes les pattes sub-égales dans les deux sexes, la première paire semblable à la seconde chez le mâle.

GENRE SERRATOR. — Le genre Serrator est très voisin du genre Tyroglyphus ; nous avions même regardé, comme appartenant à ce dernier genre, la première espèce de Serrator que nous avons découverte dans les champignons en putréfaction, et l'avons décrite dans le *Journal d'anatomie* de Ch. Robin, en 1873, sous le nom de *Tyroglyphus rostro serratus* ; mais nous avons été obligé de créer pour lui un genre spécial, quand nous avons vu combien cet acarien différait des précédents par la structure de son rostre et par celle des pattes ; en effet, les mandibules ne sont pas en pince, comme chez les autres Sarcoptidés, mais transformées en une petite scie avec laquelle l'animalcule déchire les fibres des tissus morts et humides ; ses tarses sont complètement privés de ventouses et terminés par de forts crochets, et la plupart des poils dont les pattes des Tyroglyphes sont munies, sont représentés ici par de courtes épines. Les poils du corps, très raréfiés, sont aussi transformés en spinules plus ou moins courtes.

Le genre SERRATOR comprend deux espèces :

le *Serrator amphibius* (notre ancien *Tyroglyphus rostro-serratus*) et le *Serrator necrophagus*). C'est la seconde espèce seule qui se
rencontre sur les cadavres, avec sa nymphe
hypopiale, et elle y arrive même avant les
Tyroglyphes et les Glyciphages, lorsque les
humeurs déliquescentes dans lesquelles elle
aime à se vautrer sont encore assez abondantes ;
elle doit être de l'avant-garde de la sixième escouade, avec l'*Uropoda nummularia* ; les Tyroglyphes et les Glyciphages en sont l'arrière-
garde, car ils n'arrivent que quand la dessication
est assez avancée pour n'avoir plus à humer que
les dernières humeurs.

Serrator necrophagus (*fig.* 31). Corps blanc
jaunâtre, opaque, presque glabre, avec un
sillon-ceinture thoracique comme chez les Tyroglyphes ; de forme rectangulaire à angles
arrondis chez la femelle, trapézoïdal allongé,
rétréci en arrière chez le mâle et les nymphes ;
précédé d'un rostre en boutoir. Le corps est
lisse au lieu de présenter de gros tubercules
symétriques comme chez son congénère le *S.
amphibius* ; mais son rostre est semblable au
sien et ses mandibules en scie aussi. Quant à ses
organes génitaux, ils rappellent ceux des Tyroglyphes avec cette différence que les mâles sont

dépourvus de la paire de ventouses copulatrices
anales, qui sont remplacées ici par deux paires

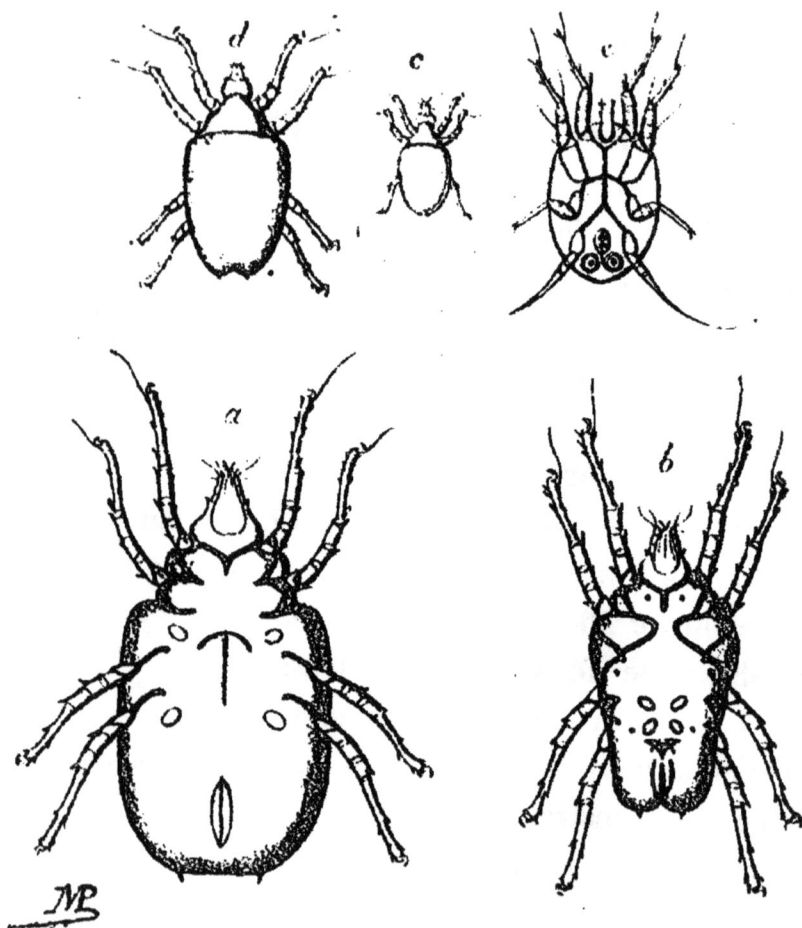

Fig. 21. — *Serrator necrophagus*.
a, femelle; *b*, mâle; *c*, larve hexapode; *d*, nymphe normale;
e, nymphe hypopiale.

de petites ventouses disposées en avant du pénis
et symétriquement.

Les dimensions du *Serrator necrophagus* sont les suivantes :

	longueur		largeur	
Femelle	0mm,56		0mm,31	
Mâle	// 0,	39	// 0,	21
Nymphe normale .	// 0,	30	// 0,	15
Nymphe hypopiale .	// 0,	22	// 0,	16
Larve hexapode . .	// 0,	16	// 0,	07
Œuf	// 0,	15	// 0,	09

La nymphe hypopiale ressemble à celle du *Tyroglyphus siro*, seulement elle est plus étroite et, par suite, de forme plus allongée.

Nous allons placer ici un Acarien de la tribu des Tyroglyphinés découvert et décrit par Ch. Robin sous le nom de *Tyroglyphes echinopus*, mais pour lequel nous avons créé le genre Cœpophagus. En effet, il se distingue des Tyroglyphes en ce que ses pattes ne se terminent pas, comme chez ceux-ci, par une ventouse sessile, elle est complètement absente et remplacée par un fort crochet, et la plupart des poils des membres le sont par de fortes épines, comme chez les Sarrators. Le rostre est le même que chez les Tyroglyphes et les organes génitaux sont semblables, mais le corps est plus globuleux et les membres plus courts et plus robustes.

Ce genre ne renferme qu'une espèce : le *Cœpophagus echinopus* (*fig.* 22), qui a la taille un peu

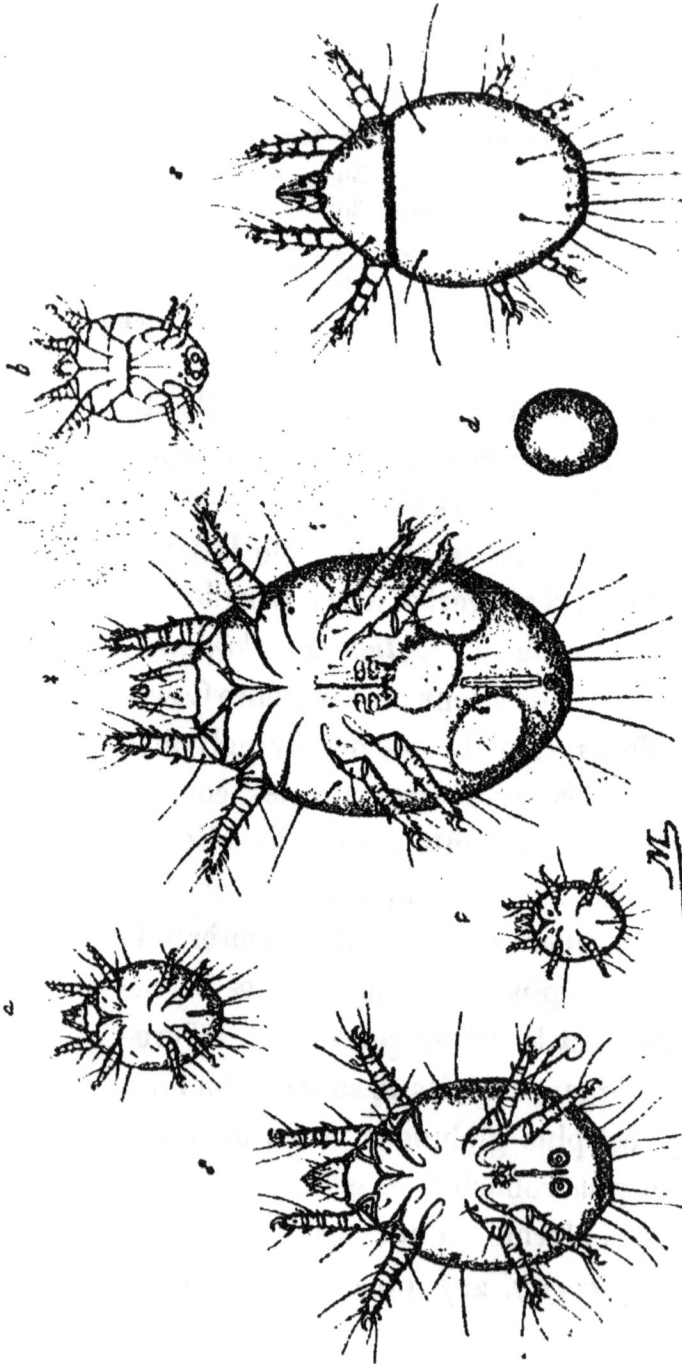

Fig. 22. — *Coryophagus echinopus.*

♀, femelle; ♂, mâle; *a*, nymphe normale; *b*, nymphe hypopiale; *c*, larve hexapode; *d*, œuf.

plus grande que celle du *Tyroglyphus siro* à ses différents âges ; les poils du corps sont distribués de la même manière, mais plus courts ; ses téguments, demi-transparents, sont aussi de couleur gris-perle, et les articles des pattes de couleur roussâtre.

Ce Cœpophage vit sur les racines charnues ou les bulbes des végétaux en décomposition humide, il en fait disparaître la substance dont il se nourrit.

La connaissance de cet Acarien a de l'importance en Médecine légale, comme nous le verrons aux *applications*, dans l'affaire de Villemomble.

SEPTIÈME ESCOUADE

Nous sommes arrivés au moment où le cadavre, ou certaines de ses parties, comme les téguments, les membranes, sont entièrement desséchés, momifiés et ne donnent plus prise aux agents microbiens des fermentations. Mais tout n'est pas fini pour nos *travailleurs de la mort*, et c'est précisément le moment que choisissent certains d'entre eux pour venir prendre leur part du festin et ronger les tissus membraneux parcheminés, les ligaments et les tendons transformés en une matière dure d'apparence résineuse, et faire disparaître les poils et les cheveux. On a dit qu'ils les réduisaient en poudre, comme la scie réduit le bois en sciure. Mais c'est une erreur : ce qu'ils rongent ils le digèrent et ce sont leurs excréments qui constituent la poudre que l'on voit, dans les dépressions des os, à la place des tissus desséchés qui y étaient auparavant et qui ont disparu sous l'action de leurs mandibules.

Les travailleurs de cette escouade sont les mêmes que ceux qui rongent nos étoffes de laine, nos tapis, nos fourrures et surtout nos collections d'histoire naturelle. Ce sont certains Coléoptères voisins des Dermestes et même certaines espèces de Dermestes, les Attagènes et les Anthrènes ; puis certains micro-lépidoptères des genres *Aglossa* et *Tineola*. Nous allons les décrire.

GENRE AGLOSSA. — Nous avons déjà donné les caractères du genre *Aglossa* et dit que deux espèces nous intéressent : l'*Aglossa pinguinalis* qui fait partie de la troisième escouade et l'*Aglossa cuprealis* qui figure dans l'escouade dont nous nous occupons.

Aglossa cuprealis. — C'est un petit papil-

lon qui a deux centimètres d'envergure ; les
ailes supérieures sont d'un roux cuivreux ta-
cheté de noir avec deux bandes transversales en
zig-zag jaunàtres ; ailes inférieures, jaune clair
sans tache, abdomen jaunàtre.

La larve est une petite chenille nue qui ressemble à celle de l'aglosse de la graisse, mais on
ne la trouve pas aux mêmes endroits ni aux
mêmes moments : nous l'avons trouvée fréquemment sur des cadavres entièrement momifiés,
travaillant à ronger des tissus secs, ou se pro-
menant au milieu de débris des travailleurs de
toutes les précédentes escouades, et toujours entièrement nue.

GENRE TINEOLA. — Ce genre comprend de très
petits papillons, les plus petits du groupe des
micro-lépidoptères, caractérisés comme ceux du
genre *Tinea* par des antennes simples dans les
deux sexes, trompe rudimentaire, tête velue,
abdomen cylindrique terminé par un bouquet
de poils chez le mâle et en pointe chez la femelle. Ailes supérieures, longues, les inférieures
en ellipse et frangées.

Nous avons rencontré très fréquemment dans
les cadavres de fœtus momifiés, la très petite
teigne suivante :

Tineola biselliela Ham. (*fig.* 23). — Longueur, six millimètres ; envergure, douze millimètres ; entièrement d'une couleur blanc crème argenté avec les poils de la tète roux.

La chenille a quatre à cinq millimètres de long et est blanche avec la tète rousse, ainsi

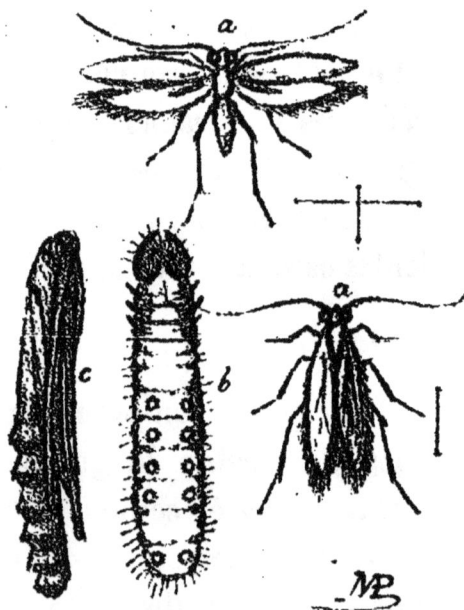

Fig. 23. — *Tineola biselliela.*
aa, état parfait ; *b*, larve ou chenille ; *c*, nymphe.

qu'un écusson sur la face supérieure du premier anneau.

On la trouve surtout en grande quantité dans des parties de cadavres desséchés qu'elle est occupée à ronger, scit nue, soit enveloppée d'une gaîne de la poudre qui constitue ses déjections,

dont les grains qui sont lâchement unis par de
fins fils de soie.

Nous avons trouvé aussi, mais plus rarement,
une plus grande teigne longue de sept millimètres les ailes fermées, ayant quinze millimètres d'envergure les ailes ouvertes, qui nous
paraît être une variété de la *Tinea pellionella*,
car elle n'en diffère que par une coloration gris
d'argent des ailes supérieures avec quelques
points noirs, et les ailes inférieures plus blanchâtres crèmes.

La chenille est blanche, légèrement jaunâtre.
Nous l'avons toujours trouvée libre dans les matières pulvérulentes constituées par ses excréments et ceux de ses co-travailleurs.

Les Coléoptères qui font partie de la septième
escouade, sont, avons-nous dit, des Attagènes et
des Anthrènes.

Genre Attagenus — Il fait partie de la tribu
des *Dermestides*, famille des *Clavicornes*. Les
Attagènes ressemblent à de petits Dermestes
noirs, et leurs larves ressemblent aussi à des
larves de Dermestes, mais avec, en plus, un
long et fort pinceau de poils à l'extrémité cau-
dale.

C'est l'espèce suivante qu'on trouve quelquefois sur les cadavres desséchés, mais assez rarement. Comme chez les Lépidoptères, c'est la larve seule qui est active.

Attagenus pellio ou *Attagène des pelleteries*. Il a cinq millimètres de long, est noir avec un point blanc sur chaque élytre et un autre près de la section médiane.

La larve est cylindro-conique et un peu plus grande.

GENRE ANTHRENUS. — Il est de la même tribu que le précédent. Les Anthrènes sont plus petites et ont le corps plus rond que les Attagènes. Leurs larves sont très caractéristiques : elles sont cylindriques, assez courtes, entourées de faisceaux de poils qu'elles hérissent à la façon des piquants de porcs-épics dès qu'on les touche, et ces poils, vus au microscope, sont pour la plupart, surtout postérieurement, terminés par un bouton lancéolé. Ces larves suivent toutes leurs phases en une quinzaine de jours ; pour se transformer en nymphes elles s'immobilisent, puis la peau se fend sur le dos et l'Anthrène en sort.

Les Anthrènes adultes vivent sur les fleurs, mais déposent leurs œufs sur les matières animales desséchées.

L'espèce que nous avons trouvée assez souvent sur des cadavres de fœtus humains entièrement momifiés, est la suivante :

Anthrenus museorum (fig. 24 *a).* — Longue de deux millimètres et demi, couverte d'un duvet jaune disposé par larges zones sur lesquelles tranchent trois bandes blanches ondulées.

La larve (*fig.* 24 *b*) a quatre millimètres de long ; elle est de couleur blanchâtre avec des poils jaunâtres, barbelés, les uns, les postérieurs, terminés par une sorte de dard mousse(*fig.* 24 *c* et *d*).

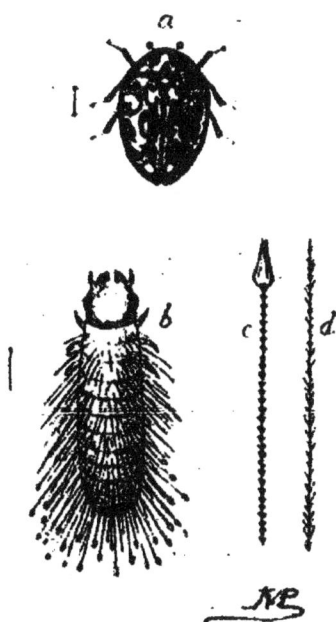

Fig. 24.
a, Anthrenus museorum :
b, sa larve ; *c, d,* poils de celle-ci.

Les Anthrènes adultes sont communes dans nos maisons, mais elles sont surtout un fléau pour les musées : leurs larves dévorent les Insectes des collections et les plumes des oiseaux empaillés, ou la peau des mammifères, quand les adultes peuvent s'introduire dans les boîtes ou les vitrines qui les

renferment, pour y déposer leurs œufs. C'est
dans le même but qu'elles recherchent les cadavres momifiés et les débris d'insectes.

HUITIÈME ET DERNIÈRE ESCOUADE

Cette escouade n'est composée que de deux
espèces d'insectes qui viennent après tous les
autres, consommer et faire disparaître tous les
débris qu'ils ont laissés et qui marquent leur
passage; et si eux-mêmes
disparaissaient sans laisser
de trace, l'appréciation de
l'époque de la mort du cadavre serait très difficile ;
on aurait cependant la certitude qu'elle remonte à
plus de trois ans, époque
où les débris des insectes
de la septième escouade

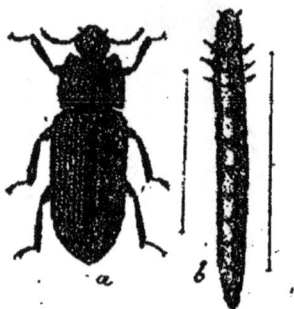

Fig. 25.
a, *Tenebrio obscurus* ;
b, sa larve.

sont encore généralement présents et accusent
la fin complète de leur travail préparé par tous
leurs prédécesseurs.

C'est, en effet, sur les restes d'un fœtus
humain, dont la mort remontait à quatre ans,

que nous avons recueilli les insectes en question
dont la larve du premier était en voie de faire
disparaître les coques de nymphes laissées par les
travailleurs des sept escouades qui s'étaient succédé. Cet insecte appartient au genre *Tenebrio*
et à l'espèce *Tenebrio obscurus (fig.* 25). La seconde espèce du genre *Ptinus* a été montrée par
M. Lichtenstein dans des circonstances analogues. Nous l'avons aussi trouvée en compagnie
de la première.

Le GENRE TENEBRIO appartient à la tribu des
Tenebrionides et à la famille des *Terediles.* Il a
pour caractère d'avoir les antennes moniliformes,
le labre ou épistome uni au front dont il n'est
séparé que par un simple sillon, le corselet qua-
drilatère, les élytres longues et convexes.

Ce genre renferme deux espèces : la première
est le *Tenebrio molitor* dont la larve, longue,
cylindrique, coriace et jaunâtre, vit de matières
amylacées et est bien connue des oiseleurs
sous le nom de ver de farine. La deuxième
espèce qui nous intéresse est le *Tenebrio obscurus.*

Le *Tenebrio obscurus (fig.* 25), est un peu
plus grand que le *molitor*, il mesure dix-sept à
vingt millimètres : il est de couleur noire en
dessus, entièrement couvert de fines rugosités,

ce qui lui donne un aspect tout à fait mat ; il est brun foncé en dessous.

La larve (*fig*. 25 *b*) est de même forme, de même couleur et de même consistance que celle du *molitor*, mais elle est plus grande de toutes faces.

Elle vit, comme nous l'avons dit, de débris d'insectes et surtout d'enveloppes de larves et de coques de nymphes.

Le GENRE PTINUS renferme de petits insectes à corps épais et à tête inclinée en dessous, à antennes longues, assez épaisses ; le corselet très bombé cache la tête.

Les *Ptinus* sont pubescents, ailés, à élytres ponctuées, à corselet tuberculeux, rugueux. Ils ont les mêmes mœurs que les Anthrènes.

Le *Ptinus brunneus* (*fig*. 26), de deux millimètres de long, de

Fig. 26
Ptinus brunneus.

couleur brune, a été découvert par M. Lichtenstein sur une momie d'enfant ; nous l'avons trouvé aussi sur une momie d'enfant datant de trois ans.

CHAPITRE II

—

FAUNE DES CADAVRES INHUMÉS
OU DES TOMBEAUX

On croit généralement que les cadavres inhumés sont dévorés par des vers, comme les cadavres à l'air libre, et cette idée, très souvent vraie, bien qu'invraisemblable, vient de ce que le vulgaire croit encore au développement spontané de ces vers. Nous savons cependant que ces prétendus vers sont des larves d'insectes et leur pénétration sous terre, à une certaine profondeur, ne se comprend guère.

Ces Insectes sont, comme nous l'avons vu, des Diptères, des Coléoptères, des Lépidoptères, plus les Acariens dont les larves ne sont pas vermiformes et, du reste, presqu'invisibles à l'œil nu.

Nous avons montré que le dépôt de leurs œufs, par ces insectes, sur les cadavres à l'air libre ne se fait pas au même moment pour tous, qu'ils choisissent chacun un certain degré de décomposition et que ce moment varie depuis quelques minutes jusqu'à deux et même trois ans après la mort, mais qu'il est tellement constant pour chaque espèce et la succession de leur apparition est tellement régulière que l'on peut, par l'examen des débris qu'ils laissent, comme par l'étude des stratifications géologiques, apprécier l'âge des cadavres, c'est-à-dire remonter assez exactement à l'époque de la mort, ce qui a souvent une importance capitale en Médecine légale.

Connaissant les lois qui régissent le développement des vers des cadavres, nous étions convaincu, et tous les naturalistes avec nous, que l'expression poétique « *les vers du tombeau* », était l'expression d'un préjugé, et que tout cadavre enfermé dans un cercueil et enterré à deux mètres de profondeur, mesure réglementaire, se décomposait et se réduisait en poudre, selon l'expression biblique, sous l'influence des seuls agents physiques et chimiques et des Microbes de la fermentation putride. Nous nous trompions, car, ainsi que nous l'avons reconnu, les cadavres inhumés, au moins dans les conditions ordi-

naires, sont dévorés par des vers, tout comme
ceux qui sont abandonnés à l'air libre ; seulement ces vers sont moins nombreux en espèces.

Nous devons d'avoir pu faire la constatation
de ce fait, à M. le Professeur Brouardel, prési-
sident de la *Commission d'assainissement des
cimetières*, qui, en cette qualité, avait fait faire
des exhumations pendant l'hiver de 1886-87, au
cimetière d'Ivry pour se rendre compte de l'état
de décomposition de certains cadavres inhumés
dans des conditions spéciales, et nous avait pro-
curé l'occasion d'assister à ces exhumations.

Les cadavres en question avaient été enterrés
à des époques connues, variant de deux à trois
ans et, sur chacun d'eux, nous avons pu faire
une ample récolte de larves, de coques de nymphes et même d'individus adultes de diverses espèces d'insectes. Après leur détermination, nous
avons reconnu que, si le nombre des larves qui
dévorent les cadavres inhumés est très considérable en individus, par contre celui des espèces
est très limité, beaucoup plus que sur les cadavres à l'air libre ; plusieurs sont les mêmes dans
les deux cas, mais il y en a de spéciales aux
tombeaux, dont les mœurs, jusqu'ici inconnues,
sont extrêmement intéressantes pour les entomologistes.

Les espèces d'Insectes que nous avons recueillies dans les bières exhumées, soit à l'état parfait, soit à l'état de larves, sont les suivantes :

Quatre espèces de Diptères : la *Calliphora vomitoria*, la *Curtonevra stabulans*, la *Phora aterrima* et une Anthomyside du genre *Ophira* ; deux espèces de Coléoptères : le *Rhizophagus parallelocollis* et le *Philonthus ebeninus* ; deux Thysanoures : l'*Achorutes armatus* et le *Templetonia nitida* ; enfin une jeune Jule indéterminée.

Les larves des Coléoptères et celles des Diptères ont un rôle très actif dans la décomposition des cadavres inhumés ; mais, comme sur les cadavres à l'air libre, elles n'apparaissent que successivement : sur des cadavres inhumés depuis deux ans, le rôle des larves de Calliphores et de Curtonèvres était terminé depuis longtemps, car leur activité s'était exercée dès la mise en bière ; les Anthomyies leur avaient succédé, mais les larves de Phoras venaient seulement d'accomplir leur travail, car leur métamorphose nymphéale était toute récente et l'éclosion des adultes s'est faite dans les tubes où nous en avions renfermé un certain nombre, trois ou quatre jours après, ce qui nous a permis de récolter une grande quantité de ces mouches à l'état parfait. Signalons en passant, que c'est par myriades que les nymphes des Phoras existaient sur les cadavres de deux ans ; ils en étaient couverts, comme les jambonneaux de chapelure, mêlés à une poudre brune composée uniquement du produit des déjections des larves. Il y avait certainement là un grand nombre de générations.

Quant aux larves de Rhizophagus, elles étaient encore en pleine activité et nous en avons récolté un grand nombre de très vivantes, ainsi que quelques individus à l'état parfait.

Comment ces divers insectes arrivent-ils sur des cadavres inhumés à deux mètres de profondeur et enfermés dans des cercueils aux planches assez bien jointes ?

Nous devons dire tout de suite, relativement à ces cercueils, que l'humidité et la poussée des terres provoquent très vite un voilement des planches et que de larges voies de pénétration se produisent promptement ainsi que nous l'avons constaté.

Un fait curieux nous a fait découvrir de quelle manière les larves de Calliphores et surtout de Curtonèvres qui sont bien plus abondantes que les précédentes, arrivent sur les cadavres : les cadavres inhumés pendant l'été, seuls en pré-

sentaient des restes, tandis que ceux inhumés
pendant l'hiver en étaient totalement dépourvus,
bien qu'ils présentassent en abondance des chrysalides d'Anthomyies et surtout de Phoras, et
de nombreuses larves très actives de Rhizophages.
Ce fait prouve que les œufs de ces diptères sont
déposés dans les ouvertures naturelles, bouche ou narines, avant l'ensevelissement, et
que les larves se sont développées ensuite dans
la bière ; on sait, en effet, combien ces mouches
sont communes dans les chambres de malades
et dans les salles des hôpitaux pendant la saison chaude ; elles ont complètement disparu
pendant l'hiver.

Quant aux Phoras et aux Rhizophages trouvés en pleine vie sur des cadavres inhumés depuis deux ans, il faut forcément admettre que
leurs larves proviennent d'œufs pondus à la surface du sol par ces insectes, attirés par des émanations cadavériques particulières, perceptibles à
leurs sens si délicats ; que les larves qui sont
sorties de ces œufs ont traversé toute la couche
de terre qui les séparait du cadavre, en se servant peut-être des galeries des vers de terre, et,
dirigées par leur odorat, elles sont ainsi arrivées
à la surface du cadavre, comme d'autres larves
de mouche arrivent, ainsi qu'on le sait, sur les

truffes en décomposition cachées aussi dans la terre.

Un fait de mœurs très curieux nous a aussi été révélé par nos recherches : c'est que les Phoras s'adressent de préférence aux cadavres maigres, tandis que les Rhizophages ne se trouvent que sur les cadavres gras ; la larve de ce dernier insecte paraît, en effet, ne vivre que de gras de cadavre, et nous ne l'avons trouvée que sur des amas de graisse rancie qui avait coulé au fond de la bière en s'y moulant et provenant des cadavres très gras.

Cette dernière larve était, jusqu'à présent, tout à fait inconnue des entomologistes, aussi bien que celle de la Phora, du reste, et l'on ignorait comment et où se passait la première phase de la vie de ces insectes. Le *Rhyzophagus parallelocollis* est un petit Coléoptère très rare dans les collections, et on l'avait rencontré exclusivement dans l'herbe des cimetières ; on voit maintenant pourquoi : c'est qu'il était là pour y pondre, ou bien il venait d'accomplir son voyage souterrain à la suite de sa métamorphose et revenait à l'air libre pour s'accoupler.

Outre ces faits extrêmement intéressants au point de vue de la biologie de certains insectes, cette étude vient augmenter nos matériaux pour

l'application de l'entomologie à la Médecine légale
en nous fournissant de nouvelles données certaines sur l'époque du développement de nouvelles
espèces d'insectes sur les cadavres inhumés.

Des Insectes que nous avons rencontrés dans
les tombeaux, nous connaissons déjà la *Calliphora vomitoria*, la *Curtonevra stabulans*, la
Phora aterrima et les Anthomyies des cadavres;
il nous reste à décrire le *Rhizophagus parallelocollis*. Nous ne nous occuperons pas des Thisa-
noures ni des Jules qui se rencontrent dans tous
les lieux sombres et humides et qui ne peuvent
nous être d'aucune utilité à notre point de vue
spécial. Mais nous aurons encore à parler de
nouveaux diptères trouvés dans des exhumations
faites au cimetière de Saint-Nazaire en 1891.

Le genre RHIZOPHAGUS appartient à la famille
des *Nitidelides* voisine, de celle des *Histerides*;
il est composé de petits coléoptères de trois à quatre millimètres de long, à corps étroit presque parallèle, à antennes courtes terminées par une petite
massue de deux articles, à corselet presque carré
et à extrémité abdominale découverte. Les mieux
connus jusqu'à présent des entomologistes vivent
sous les écorces d'arbres où ils font une guerre
acharnée aux Bostriches; les plus communs sont
le *R. depressus* et le *R. bipustulatus*.

Comme nous le disons plus haut, notre espèce des cimetières était une rareté, voici ses caractères :

Rhizophagus parallelocollis Ghl. (*fig.* 25). — Corps long de quatre millimètres, large de un millimètre ; à bords presque parallèles, déprimé en dessus, plat en dessous, corselet finement ponctué ; élytres striées à stries constituées par des rangées de points. Couleur brun roux uniforme.

La larve est longue de cinq à six millimètres, large de un millimètre, cylindrique, légèrement atténuée à chaque extrémité et à corps composé de treize anneaux ; de couleur blanc jaunâtre ; tête testacée armée de fortes mandibules dentées, antennes de quatre articles, palpes maxillaires, presque aussi grands que les antennes, aussi à quatre articles, palpes labiaux courts à deux articles. Les trois premiers anneaux qui suivent la tête portent chacun une paire de pattes courtes ; ceux qui suivent portent des poils, les uns rares et longs, les autres courts formant une rangée transversale sur la face dorsale ; le dernier anneau est terminé par deux lobes séparés par une profonde échancrure arrondie, chacun des lobes est lui-même tronqué et échancré portant une paire de petites dents à ses angles entre lesquelles émerge un poil (*fig* 27 *bb'*).

Le 15 juin 1891, nous recevions de M. Ogier, chef du laboratoire de Toxicologie de la Faculté de Médecine de Paris, la lettre suivante accom-

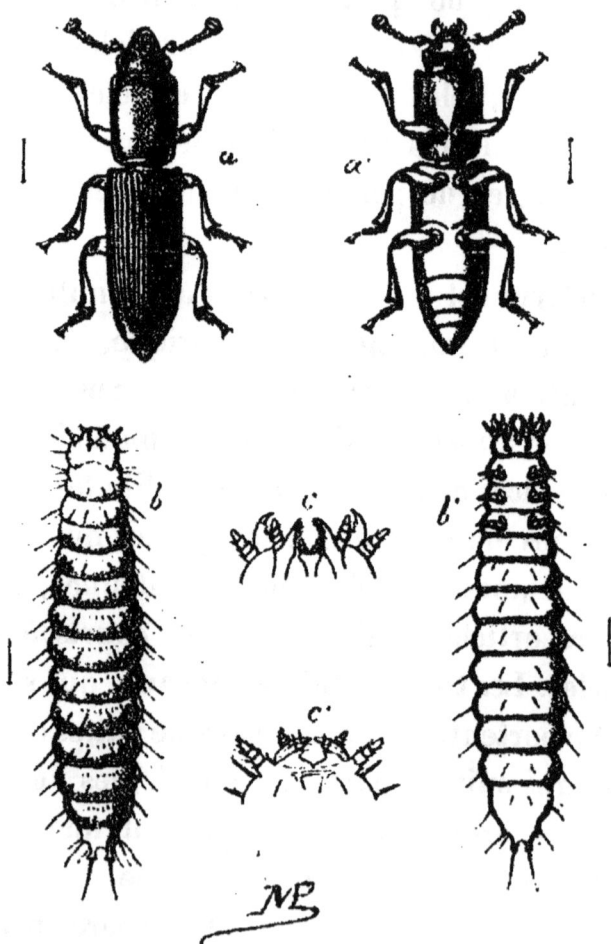

Fig. 27. — a, *Rhizophagus parallelocollis*; b, sa larve, face ventrale et face dorsale; c, bouche de celle-ci.

pagnant l'envoi de cinq tubes contenant des débris d'insectes.

« CHER MONSIEUR,

« Nous avons été, MM. Brouardel, Dumesnil
« et moi, visiter à Saint-Nazaire un cimetière
« d'un système spécial et faire quelques exhuma-
« tions. Nous avons recueilli, chemin faisant, les
« quelques petites bêtes que je vous adresse de la
« part de M. Brouardel, avec prière de vouloir
« bien les déterminer si c'est possible.

« Les inhumations remontent à un an environ ;
« le cimetière est formé d'un sol argileux, très
« imperméable, mais le sous-sol est drainé, juste
« au dessous des bières ; il y a donc circulation
« d'air.

« Agréez..... »

Cette lettre, nous le répétons, accompagnait
cinq tubes, portant chacun l'étiquette de la bière
où la récolte des insectes qu'ils contenaient avait
été faite. Voici la détermination de ces insectes.

1° Tube de la bière CAVA : un staphylinide, le
Philontus ebeninus ;

2° tube de la bière AUDREN : des mouches bien
vivantes venant d'éclore, appartenant aux Antho-
mysides et à l'espèce que nous nommons *Ophira*

cadaverina, et qui, pour nous, est nouvelle ; les coques, d'où les individus vivants étaient sortis, remplissaient en partie le tube;

3° tube de la bière THOMAS : larves d'*Ophyra cadaverina* vivantes;

4° tube de la bière MOUTONS : nymphe abondante de *Phora aterrima*;

5° tube de la bière BUTIN : coque de nymphes d'*Ophira cadaverina*.

Le 25 juin suivant, nous recevions un nouvel envoi : c'était un tube contenant des insectes récoltés sur des moutons inhumés dans ce même cimetière de Saint-Nazaire. Ils avaient été inhumés le 27 mai 1890 et exhumés le 19 juin 1891. Le contenu du tube était exclusivement composé de *Phoras aterrima* venant d'éclore, très agiles et volant dans le flacon.

Ainsi, dans trois des bières il y avait des *Ophira cadaverina*, et dans une, une Staphilinide, le *Philontus ebeninus*, qui ne sont pas sur la liste que nous avions déjà dressée dans notre premier travail sur la faune des tombeaux. Nous avons déjà décrit l'*Ophira cadaverina* (p. 57), nous n'y reviendrons pas. Il nous reste à décrire le Staphilinide.

Les Staphinilides sont des Coléoptères caractérisés par la brièveté des élytres qui laissent à

découvert la plus grande partie de l'abdomen ;
ce dernier, à segments très mobiles, est ordinairement relevé quand l'insecte
marche.

Les Philontus sont des Sta-
philins à tête petite, lisse ainsi que
le corselet ; ils vivent sous les
bouzes, dans les fumiers, etc.

Fig. 28.
Philontus ebeni-
nus.

Le *Philontus ebeninus* (*fig.* 28),
a cinq à six millimètres de long et est tout entier
d'un noir brillant ; corselet lisse, élytres ponctuées avec un reflet bronzé.

Les staphylins se rencontrent souvent sous les
cadavres des petits animaux, mais on n'en avait
pas encore rencontré dans les cadavres humains.

CHAPITRE III

—

FAUNE DES CADAVRES IMMERGÉS

Un fait communiqué au Congrès des Sociétés savantes, à Marseille, en 1891, montre que, même les crustacés qui s'attachent aux cadavres immergés, peuvent servir à déterminer approximativement l'époque de la mort. Il est dû à M. le Dr Fallot, de Marseille, et a été résumé comme suit dans le *Journal des Sociétés scientifiques* :

« Le 23 juin 1851, on trouva un cadavre dans la rade de Marseille. Quelle pouvait être la durée de la submersion ?

« Les tissus du crâne et de la face étaient détachés et flottants, les articulations du coude droit, des deux poignets, des phalanges des doigts étaient plus ou moins largement ouvertes. Les débris des

vêtements qui recouvraient le cadavre étaient parsemés de coquillages plus ou moins solidement
implantés. C'étaient des *Crustacés cirrhipèdes*
(Marion et Jourdan). Ces animaux se fixent vers
le mois d'avril ou de mai, sur les objets flottants
à la surface de l'eau. Ceux qui s'observaient sur
le cadavre étaient de dimensions différentes per-
mettant d'affirmer qu'ils appartenaient à deux
générations successives. D'après ces données, on
doit admettre que le cadavre flottait depuis
treize mois environ ; avec les quinze jours néces-
sités par le retour à la surface, du cadavre, d'abord
profondément immergé, on a une durée de séjour
dans l'eau d'environ quatorze mois. Ce fait démontre que, dans certains cas, la zoologie peut
venir en aide à la médecine légale ».

CHAPITRE IV

—

APPLICATION DE L'ENTOMOLOGIE
CADAVÉRIQUE A LA MÉDECINE LÉGALE

Les phénomènes de la décomposition des cadavres, suivant qu'ils sont exposés à l'air libre ou
suivant qu'ils sont inhumés, présentent des différences capitales; le rôle des Insectes dans le second
cas est quelquefois beaucoup moins marqué; il
y a donc lieu, au point de vue de l'application
de l'Entomologie à la médecine légale, de faire
une distinction qui est dans la nature des choses et de classer les faits qui s'y rapportent dans
deux chapitres différents.

I

APPLICATION DE DONNÉES ENTOMOLOGIQUES
AU POINT DE VUE MÉDICO-LÉGAL
AUX CADAVRES EXPOSÉS A L'AIR LIBRE.

Si la température atmosphérique, l'hygromé-
tricité de l'air, la succession des saisons, étaient
constamment d'une régularité parfaite, de manière que la succession des fermentations putrides
fût elle-même parfaitement régulière, la loi de
succession des *Travailleurs de la mort* que nous
avons découverte, serait d'une application pour
ainsi dire mathématique, en tant, du moins, qu'il
s'agisse de cadavres présentant des masses charnues de même poids, car nous avons constaté que
dans les petits cadavres les phénomènes de chimie biologique *post mortem* se succèdent sensi-
blement plus vite que dans les grands.

Il y a donc lieu de tenir compte, non seulement du volume du cadavre, mais de toutes les
causes qui ont pu influer sur l'activité des fermentations putrides et, par suite, sur la rapidité de la
succession des Escouades de travailleurs, cette
rapidité étant sous la dépendance complète de
l'activité en question.

Le problème n'est donc pas aussi simple, ni aussi facile à résoudre qu'on pourrait le croire; c'est ce que nous allons montrer par les exemples qui vont suivre et que nous prendrons dans les études que, grâce à M. le Professeur Brouardel, nous avons pu faire dans les nombreuses expertises médico-légales où il a bien voulu nous prendre pour adjoint et où il s'agissait précisément de déterminer l'époque de la mort de cadavres plus ou moins avancés vers l'état de momifications et sur lesquels des insectes avaient laissé des traces de leur passage.

Mais, avant de faire part au lecteur de nos propres études, nous allons l'entretenir de la seule et unique tentative qui avait été faite avant nous sur ce terrain et qui a précisément donné l'idée à M. le Professeur Brouardel de nous faire explorer une mine très riche en matériaux scientifiques et utiles. Cette tentative est due à M. Bergeret, médecin de l'hôpital d'Arbois ; en transcrivant son rapport médico-légal en entier, nous verrons dans quelles circonstances elle eut lieu ; nous en discuterons ensuite les conclusions et les faits entomologiques sur lesquels il les base.

PREMIÈRE APPLICATION

RAPPORT MÉDICO-LÉGAL DE M. BERGERET

(*Annales d'Hygiène et de Médecine légale*, 1856,
11ᵉ série, p. 444 et suivantes).

« Nous, soussigné, docteur en médecine, résidant à Arbois (Jura), déclarons nous être transporté, le 22 mars 1856, dans la maison de Mᵐᵉ Saillard, rue du Citoyen, 4, au rez de-chaussée, en vertu d'une commission rogatoire décernée par M. le juge d'instruction près le tribunal de la dite ville, pour y visiter le corps d'un enfant qu'un ouvrier plâtrier, en réparant une cheminée à la Rumfort, venait de découvrir dans cet espace triangulaire qui se trouve compris entre le jambage en briques de la Rumfort, la partie latérale du manteau de la cheminée et le mur contre lequel celle-ci est appliquée ; l'enfant y avait été introduit par une ouverture pratiquée au moyen de l'enlèvement de deux briques formant le couronnement du jambage.

« Arrivé dans la pièce où cette découverte venait d'être faite, nous avons trouvé l'enfant au milieu de la chambre, où l'ouvrier venait de le déposer, après l'avoir extrait de l'endroit où il était renfermé ; le corps était encore enveloppé en partie d'un linge présentant un grand nombre de déchirures récentes, parce que ce linge adhérait en plusieurs points au cadavre de l'enfant, et que l'ouvrier, pour voir ce qu'il renfermait, l'avait décollé sans précautions.

« Cet enfant présente les dimensions et les caractères d'un enfant à terme ; un point osseux était déjà formé au centre du cartilage qui recouvre les condyles du fémur. Il est arrivé à l'état de momification ; c'est-à-dire qu'il a subi, au lieu de la putréfaction ordinaire, une modification particulière que l'on observe sur les cadavres placés dans un milieu très sec où l'air ne se renouvelle pas. Les formes extérieures sont, du reste, bien conservées. Il est facile de constater qu'il appartient au sexe féminin.

« Le cordon ombilical forme un ruban aplati de deux décimètres de longueur sur une largeur de sept à huit millimètres. La couleur est d'un jaune brunâtre. A son insertion à l'ombilic, il existe entre lui et la peau du ventre une continuité parfaite de tissus, sans aucune ligne de démarcation. Il ne porte point de vestige de ligature.

« Si l'extérieur du corps offre un état de con-

servation complète, il n'en est point ainsi de l'intérieur. Les principaux organes, comme les poumons, le cœur, le cerveau, ont complètement
disparu. Les cavités qu'ils remplissaient renferment un grand nombre de petits corps de la forme
d'un grain de blé, volumineux, secs, friables,
creux, ouverts à l'une de leurs extrémités et
d'une couleur acajou foncé ; ce sont des *coques
des nymphes* d'où sont sortis des insectes dont
les larves ont dévoré les organes disparus du cadavre. Ces mêmes nymphes se trouvent en grand
nombre sur le cou et dans la bouche de l'enfant,
qui portent des traces d'érosions plus ou moins
profondes.

« Deux de ces coques renferment le corps desséché de la mouche dont le développement est
assez complet et les formes parfaitement reconnaissables.

« L'intérieur du ventre offre des lames folia-
cées, noires, sèches, représentant les organes
abdominaux arrivés au dernier degré de la dessication.

« L'intérieur des membres est rempli de larves,
ou *vers blancs*, de sept à huit millimètres de longueur pleins de vie qui se sont creusés de longues galeries dans les chairs dont elles se sont
nourries. L'épaisseur des bras et des cuisses en

présente un grand nombre. Les parties charnues de ces régions ne sont encore détruites qu'en parties. Il en reste encore sur plusieurs points une couche de plusieurs millimètres d'épaisseur, d'une consistance analogue à celle du savon, pouvant s'écraser sous le doigt et offrant de l'analogie avec ce que l'on a appelé le gras de cadavre. La peau est arrivée à un état de dessication qui la rend parcheminée, noire et en forme une coque dure enveloppant les cavités qui servent de retraite à ces larves.

« Le linge d'enveloppe a une longueur de 1 mètre 2 sur o mètre 5o de largeur. Trois de ses angles sont bien conservés et sans marque. Le quatrième, celui qui devait porter la marque, offre une perte de substance de douze centimètres carrés, qui a été opérée par une déchirure ancienne et par suite d'une section régulière comme une cause accidentelle pourrait difficilement en produire.

« On remarque sur le linge deux sortes de taches. Les premières, très étendues, sont d'un vert foncé et noirâtre. Ces taches ont dû être formées par le méconium de l'enfant. Les secondes taches, infiniment moins étendues que les premières, sont rougeâtres et ont été produites par du sang.

« PREMIÈRE QUESTION. — *L'enfant est-il né viable?*

« La réponse doit être affirmative.

« Cet enfant a toutes les dimensions et offre les caractères essentiels d'un fœtus à terme.

« DEUXIÈME QUESTION. — *Est-il né vivant?*

« Pour résoudre cette question d'une manière péremptoire, nous n'avons pu nous livrer à l'expérience connue sous le nom de dimasie pulmonaire, parce que les poumons n'existaient plus. Mais une circonstance peut jeter du jour dans la question : c'est l'existence de ces taches si étendues et si foncées de méconium. En effet, si l'enfant était mort dans le sein de sa mère avant ou pendant le travail de l'accouchement, les souffrances qui auraient précédé la mort lui auraient fait perdre la plus grande partie de son méconium avant sa naissance.

« Et en admettant qu'il en fût resté encore une quantité notable dans l'intestin, celui-ci n'aurait pas eu, après la mort de l'enfant, assez de contractilité pour en provoquer une évacuation aussi copieuse. Notons aussi une autre circonstance bien digne de remarque : la partie du linge qui se trouvait collée sur le siège de l'enfant n'était point maculée, ce qui donne la certitude que l'évacuation du méconium ne s'est point opérée par un effet purement mécanique et passif après le dépôt du cadavre dans la cheminée.

« TROISIÈME QUESTION. — *Combien de temps a-t-il vécu?*

« Tout porte à croire qu'il est mort peu de temps après la naissance et probablement le premier jour. En effet, lorsque le nouveau-né continue à vivre, le cordon ombilical devient inutile, se sépare du ventre avec les deux circonstances suivantes : d'abord il se dessèche, brunit, se rapetisse, puis, l'extrémité qui le joint au ventre est cernée rapidement par un sillon qui le sépare de la peau et le fait tomber au bout de 5 à 6 jours. Or, le cordon du sujet qui nous occupe offre encore un diamètre de 7 à 8 millimètres, comme un cordon aplati dans le premier jour de la naissance, puis il se continue avec la peau du ventre sans aucune ligne de démarcation, résultant d'un travail éliminateur. D'ailleurs le linge qui entourait l'enfant portait du méconium que nous avons décrit; de plus, des taches de sang provenant, soit du cordon ombilical, soit de l'écoulement utérin; or, ces taches ne se seraient pas produites sur un linge dont on aurait enveloppé l'enfant quelques jours après la naissance.

« QUATRIÈME QUESTION. — *Comment est-il mort?*

« L'état du cadavre n'a pas permis de retrouver les lésions matérielles qui ont provoqué la cessation des fonctions vitales. Mais tout porte à croire que cet enfant a été placé dans la cheminée par une main criminelle. Il est certain d'abord que l'accouchement a été clandestin et qu'aucune personne de l'art n'y a assisté puisque le cordon, au lieu d'être coupé à environ 8 centimètres de l'ombilic et lié à 4 centimètres, présente une longueur de 2 décimètres sans aucune trace de ligature. D'autre part, il ne faut pas perdre de vue la précaution qui a été prise d'enlever le coin du linge sur lequel figurait la marque. Et puis, n'oublions pas cette grande quantité de méconium dont le linge était souillé : il est probable que c'est au milieu des angoisses d'une mort violente qu'elle a été expulsée par l'intestin.

« Une seule hypothèse peut faire écarter l'idée d'un infanticide ; c'est que l'enfant né vivant aurait succombé quelques heures après sa naissance, par l'effet d'une de ces maladies rares ou de ces vices d'organisation intérieure extraordinaires qui font périr un certain nombre d'enfants dans les premiers jours de leur naissance. Nous avons voulu savoir si ce genre de mort était fréquent et nous avons fait sur les registres de l'état civil d'Arbois, un relevé portant sur vingt années. Il résulte de mes recherches qu'à Arbois, sur une population de 7 000 habitants, le nombre d'enfants qui meurent naturellement dans les deux premiers jours de leur naissance est dans la proportion de $\frac{1}{2}$ %. Ainsi, dans le cas qui nous occupe, il y a une chance et demie sur 100 pour que l'enfant ait succombé à une mort naturelle.

« CINQUIÈME QUESTION. — *A quelle époque remontent la naissance et la mort ?*

« Pour résoudre cette question la médecine légale est obligé d'emprunter des lumières à une autre science, à l'histoire naturelle. Nous avons rencontré dans le cadavre de l'enfant, d'une part, des *nymphes* veuves de leurs insectes et dont il ne restait plus qu'une coque vide, à l'exception de deux d'entre elles qui renfermaient des mouches desséchées, qu'une circonstance quelconque avait empêché de briser leur enveloppe et de prendre leur vol ; d'autre part, des larves, ou vers blancs, pleins de vie qui se nourrissaient dans l'épaisseur des parties charnues. Or, voici ce que nous apprend l'histoire naturelle sur la génération des insectes : la femelle fécondée va déposer ses œufs dans le lieu le plus favorable au développement des petits êtres qui en sortiront. L'œuf éclôt et il en sort un ver mou, allongé, appelé *larve* ; arrivé à un certain degré de développement, la larve se transforme en un être nouveau qu'on appelle *chrysalide* pour les papillons et *nymphe* pour les autres insectes. La chrysalide et la nymphe ont une forme oblongue et représentent une sorte de coque ou d'étui, sans apparence de mouvement et de vie. Elles s'ouvrent au bout d'un certain temps et il en sort un insecte parfait capable de reproduire son espèce. Ces *métamorphoses* exigent, pour se compléter, la révolution d'une année entière (?.....) (voyez la discussion critique qui suit ce rapport). La femelle pond ses œufs pendant l'été, et ceux-ci, devenus larves, conservent cette forme pendant l'hiver pour se transformer en nymphes au printemps et en insecte parfait au commencement de l'été (?.....) (voyez la discussion de la fin).

« Ces notions vont nous aider à résoudre le problème qui nous occupe ; en effet, les œufs, dont l'éclosion a engendré les larves trouvées dans le corps de l'enfant au mois de mars 1850, n'ont dû y être déposés que vers le milieu de l'été de 1849. Il est donc certain que le dépôt du cadavre remonte au moins à cette époque. Mais le cadavre, outre les *larves* bien vivantes, renfermait un grand nombre de *nymphes* veuves de leurs insectes. Ces *nymphes* ont dû être précédées de *larves* qui avaient passé dans le cadavre l'hiver de 1848 à 1849 et provenaient d'une ponte effectuée dans le courant de 1848. Nous voilà encore transporté d'un an en arrière avec la certitude que la mort de l'enfant remonte au moins à cette dernière époque. Ne peut-elle pas être arrivée à une époque plus éloignée encore ? Nous ne le pensons pas ; en effet, la mouche dont les nymphes remplissaient plusieurs cavités des cadavres est la mouche carnassière (*musca carnaria* L.) insecte qui dépose ses larves dans les chairs encore récentes et avant leur dessication ; de sorte qu'on peut être certain que les larves qui ont produit les nymphes ont été pondues peu de temps après le dépôt du cadavre. D'une autre part, les larves trouvées dans les membres n'appartiennent pas à la famille des mouches, mais bien à celles des petits papillons de nuit, dont les larves, sous le nom de *mites*, sont le fléau des tissus de laine, des collections d'histoire naturelle et attaquent en général les matières animales desséchées. Ces larves, ou plutôt ces *chenilles*, se transforment aussi en *chrysalides* avant que de passer à l'état de papillon. Si le séjour du cadavre dans la cheminée remontait plus haut que l'été de l'année 1848 ; si, par exemple, il avait été déposé en 1846, ou en 1847, la première ponte

aurait eu le temps de donner lieu à des chrysalides dont on aurait trouvé les étuis dans le cadavre. Or, nous n'en avons pas rencontré le
moindre vestige. De sorte que les larves que
nous avons rencontrées doivent provenir de la
première et unique ponte qui se soit effectuée dans
le cadavre, et cette ponte n'a pu avoir lieu qu'en
1849 puisque les larves n'avaient pas encore eu
le temps de se convertir en chrysalides.

« Ainsi, en résumé, deux générations d'insectes représentant deux révolutions annuelles se
sont opérées dans le corps de cet enfant : sur le
cadavre frais la mouche carnassière a déposé ses
larves en 1848 et dans le cadavre desséché le papillon des mites a pondu ses œufs en 1849.

« CONCLUSION :

« 1° L'enfant est né à terme.

« 2° Tout porte à croire qu'il est né vivant,
qu'il est mort très peu de temps après sa
naissance et qu'il a succombé à une mort violente.

« 3° Il y a certainement plus de deux ans que
sa mort a eu lieu et il est très probable que cette
mort est arrivée durant l'été de 1848; de sorte
que les soupçons de la justice ne doivent pas se
porter sur les trois familles qui se sont succédé

dans l'appartement à partir de 1848, mais bien sur les personnes qui l'occupaient à l'époque ci-dessus mentionnée ».

DISCUSSION CRITIQUE DU RAPPORT DE M. BERGERET

Le Rapport de M. Bergeret, comme on vient de le voir, est très complet au point de vue mé-dico-légal, dans ses réponses aux quatre pre-mières questions, mais il laisse fort à désirer au point de vue de l'entomologie et de ses applica-tions. Il est évident que l'auteur n'avait que des notions très générales sur les métamorphoses des Insectes et nous allons voir qu'il en fait une mauvaise application à des cas particuliers. Ainsi il dit, dans sa réponse à la 5ᵉ question, p. 122. « Ces métamorphoses exigent pour se compléter la révolution d'une année entière. La femelle pond ses œufs pendant l'été et ceux-ci devenus larves conservent cette forme pendant l'hiver pour se transformer en nymphes au prin-temps ». Autant de mots, autant d'erreurs : les œufs seuls peuvent passer l'hiver, et non les lar-ves. Si le cycle évolutif des lépidoptères est, pour la généralité, d'une année, il est loin d'en être ainsi pour les coléoptères des cadavres et surtout pour les diptères : celui des mouches carnassières n'est que de trois à six semaines, comme nous le disons p. 30.

Nos études nous ont montré que le rôle des travailleurs des deux premières escouades, c'est-à-dire des mouches carnassières, ne dépasse pas le premier et, au plus, pour les grands cadavres, le deuxième trimestre; ils sont remplacés par les travailleurs de la troisième escouade aussitôt que se forment les acides gras, c'est-à-dire plus ou moins longtemps avant la fin du deuxième semestre; ces travailleurs sont : le *Dermestes larda-rius* et l'*Aglossa pinguinalis*; celle-ci est certainement l'auteur des « *vers blancs* de 7 à 8 millimètres de long, pleins de vie, qui se sont creusés des galeries dans les chairs dont elles se sont nourries », dit M. Bergeret dans son Rapport p. 116-117. « L'épaisseur des bras et des cuisses « en présentent en grand nombre. Les parties « charnues de ces régions ne sont encore dé-« truites qu'en partie. Il en reste encore sur plu-« sieurs points, une couche de plusieurs milli-« mètres d'épaisseur, d'une consistance analogue « à celle du savon, pouvant s'écraser sous le « doigt, offrant de l'analogie avec ce qu'on a ap-« pelé : gras de cadavre ».

Ces vers chenilles observés en masse prove-naient d'œufs pondus à la fin de l'automne pré-

cédent, au moment même où se terminait l'évolution des mouches carnassières, évolution qui
a même été interrompue pour deux sujets trouvés morts dans leur coque de nymphe, tués sans
doute par l'arrivée de l'hiver.

Avec ces documents, il n'était pas possible de
faire remonter la mort de l'enfant à plus de dix
mois à un an, c'est-à-dire à l'été de 1849.

L'erreur de M. Bergeret, qui fait remonter cette
mort à l'année précédente, est due, nous le répétons, aux fausses notions qu'il avait sur la durée
des métamorphoses des mouches carnassières.

DEUXIÈME APPLICATION

NOTRE PREMIÈRE ÉTUDE MÉDICO-LÉGALE

Notre première étude médico-légale eut lieu à
l'occasion d'un rapport médico-légal que M. le
professeur Brouardel avait à fournir sur l'examen d'une momie d'enfant et dont il parle en ces
termes dans les *Annales d'Hygiène et de Médecine légale*, 1879, p. 853 :

« Nous fûmes commis le 15 janvier 1878, par
M. Desjardins, substitut de Monsieur le Procu-
reur de la République, à l'effet de procéder à

l'autopsie d'un cadavre de nouveau-né, trouvé dans un terrain vague de la rue Rochebrune. Le cadavre était entouré de quelques linges imbibés par l'humidité et pourris dans les points qui étaient en contact avec la terre.

« Voici quel fut le résultat de notre examen :

« Le cadavre est celui d'un nouveau-né du sexe féminin ; il mesure 48 centimètres de long et pèse 250 grammes, la sixième partie du poids normal. Il est absolument desséché et sonne comme du carton. Il est transformé en une véritable momie ; il est recouvert par un linge-torchon qui a contracté avec la peau des adhérences tellement intimes qu'il est impossible de les séparer.

« Le cordon ne porte pas de ligature, il mesure 25 centimètres et adhère à l'ombilic.

« Les os sont intacts ; il n'y a pas de fractures, notamment des os du crâne. Les viscères desséchés ne forment plus qu'une masse informe dans laquelle on ne distingue plus les points où cesse le parenchyme pulmonaire, le cœur, le foie, etc. Tous les tissus, notamment les muscles, sont transformés en gras de cadavre.

« Le crâne est vide, l'encéphale a disparu et on ne trouve sur la tente du cervelet qu'une masse de pulvérin de quelques grammes.

« Il est impossible de reconnaître actuellement l'existence des lésions qui n'auraient atteint que les parties molles et de savoir si l'enfant a respiré.

« Les condyles des fémurs ont leurs points d'ossification bien développés.

« Le cadavre est donc celui d'un nouveau-né arrivé au terme de la vie intra-utérine.

« *Sur la peau et dans les cavités du crâne fourmille une quantité d'acares que l'on distingue nettement à la loupe et de larves d'insectes.*

« L'état de dessication de cette petite momie ne permet pas de croire qu'elle ait séjourné longtemps dans le terrain vague où on l'a trouvée exposée à l'humidité de l'air. Il est certain que le cadavre a dû être conservé dans un lieu sec, dans une armoire, une malle ou derrière un lieu chauffé, tel qu'une cheminée et que c'est dans les derniers jours seulement qu'il a été déplacé et déposé dans le terrain de la rue Rochebrune.

« Il reste à savoir si on pourrait utiliser les *lois du développement des insectes* que l'on trouvait sur le corps de ce nouveau-né pour déterminer approximativement le moment de la naissance, ainsi que le Dr Bergeret y était par-

parvenu en 1850. Nous nous sommes adressé à
M. Perrier, professeur au Muséum d'histoire
naturelle, et à M. Mégnin, vétérinaire de l'armée,
qui ont mis, avec la plus grande complaisance,
leurs connaissances spéciales à notre disposition.

« Voici les notes qu'ils ont bien voulu nous
remettre :

« *Note de M. Perrier.*

« 1° L'enfant est entouré d'un tissu végétal
« assez grossier absolument adhérent au tégu-
« ment.

« 2° Ce tissu n'est pas suffisant pour l'avoir
« mis à l'abri des larves de mouches qui au-
« raient pu pondre à sa surface.

« 3° Les larves auraient certainement dévoré
« le tissu de l'enfant s'il avait été abandonné
« immédiatement après la mort.

« L'enfant a donc été enfoui profondément ou
« desséché avant d'avoir été abandonné. Cette
« dernière hypothèse est la plus probable, vu
« l'état de conservation du cadavre.

« 4° Les animaux qui se trouvent actuellement
« dans le tissu sont :

« A. Des acares d'espèces à déterminer par
« M. Mégnin mais on en trouve dans tous les
« endroits humides et riches en matières orga-
« niques.

« B. Des chenilles d'*Aglosses*, papillons voi-
« sins des teignes et se nourrissant de matières
« grasses.

« De cette dernière circonstance on peut infé-
« rer que le cadavre est relativement récent (de
« l'été dernier probablement).

« 5° On ne trouve pas de Dermestes cuivrés
« qui n'auraient pas manqué d'attaquer un ca-
« davre plus ancien et débarrassé de matières
« grasses, comme les pelleteries, par exemple ».

*Note sur la formation et la durée de la co-
lonie acarienne qui existe sur la momie d'enfant, par M. Mégnin.*

« La momie d'enfant en question est couverte
« d'une couche de pulvérin, brunâtre qui est ex-
« clusivement composée de dépouilles d'acariens
« et de leurs fèces. Cette couche est plus ou moins
« épaisse suivant les régions, mais on peut dire
« qu'elle a, en moyenne, 2 millimètres d'épaisseur.
« A la surface du corps je n'ai pas trouvé d'aca-
« riens vivants, mais dans l'intérieur du crâne il y
« avait encore une colonie nombreuse, grouillante,
« et pleine d'activité, au milieu d'un pulvérin
« bien plus abondant qu'à la surface du corps.
« Tous ces acariens appartiennent à une seule es-
« pèce, le *Tyroglyphus longior* Gervais, qui vit
« exclusivement des acides gras et des savons am-

« moniacaux qui se forment à la surface des ma-
« tières animales en état de décomposition sèche
« comme les préparations anatomiques dites natu-
« relles, les fromages secs, gruyère et autres, etc.

« Pour calculer le nombre des Acariens et par
« suite déduire, connaissant la loi de leur dévelop-
« pement, le temps qu'il leur a fallu pour former
« des colonies couvrant une surface que j'estime à
« 3000 centimètres carrés d'après un calcul appro-
« ximatif, j'ai opéré ainsi : je compte par milli-
« mètre cube au moins 4 Tyroglyphes ou leur dé-
« pouille et celle de leurs œufs, ce qui me donne,
« par centimètre carré sur 4 millimètres d'épais-
« seur, 800 acariens, c'est-à-dire, pour toute la
« surface du corps $800 \times 3000 = 2\,400\,000$,
« c'est-à-dire, pour toute la surface du corps à l'in-
« térieur du crâne 2 400 000 Tyroglyphes morts
« ou vivants, morts surtout. La colonie a eu pour
« origine quelques nymphes hypopiales apportées
« par des Diptères, des Coléoptères ou des Myria-
« podes. C'est toujours ainsi que se forment les
« colonies de ce groupe d'Acariens, ainsi que je
« l'ai démontré, et cela prouve que la momie, au
« moment où elle a été envahie par les Acariens,
« était accessible aux insectes venus de l'exté-
« rieur.

« On voit par les observations faites par M. Fu-

« mouse sur le *Tyroglyphus longior* ([1]), que j'ai
« faites moi-même sur des espèces voisines, en-
« tre autres sur le *Tyroglyphus mycophagus* ([2]),
« qu'une femelle de ces Acariens est capable de
« pondre dix à quinze jours après sa naissance et
« qu'elle pond une quinzaine d'œufs parmi les-
« quels les deux tiers donnent des femelles et
« l'autre tiers des mâles. On peut donc établir
« le tableau suivant :

Première génération
Après 15 jours : 10 femelles; 5 mâles.

Deuxième génération
Après 30 jours : 100 femelles ; 50 mâles.

Troisième génération
Après 45 jours : 1 000 femelles; 500 mâles.

Quatrième génération
Après 60 jours : 10 000 femelles; 5 000 mâles.

Cinquième génération
Après 75 jours : 100 000 femelles ; 50 000 mâles.

Sixième génération
Après 90 jours : 1 000 000 femelles; 500 000 mâles.

« (C'est à peu près la même proportion que
« suivent tous les Sarcoptides).

« Ainsi, après trois mois il est né d'un seul

---

(1) Ch. Robin. — *Journal d'anatomie*, 1865.
(2) Ch. Robin. — *Journal d'anatomie*, 1874.

« couple dans la colonie, 1 500 000 individus, si
« nous comparons le chiffre de 2 400 000 obtenu
« plus haut, nous voyons qu'il a mis à se former
« quelques jours de plus que 3 mois et c'est un
« grand minimum attendu que la colonie a pullulé
« moins à la surface du corps qu'à l'intérieur du
« crâne où elle a trouvé une provision de gras de
« cadavre plus abondante qu'ailleurs ; elle y était
« du reste encore en pleine activité et a formé une
« couche de pulvérin bien plus épaisse que celle
« qui sert de base à mon calcul.

« Le moment où la momie d'enfant a été ex-
« posée à l'air est donc éloigné du moment actuel
« de trois mois au moins, plus le temps néces-
« saire à la formation du gras de cadavre, ce qui
« porte cette exposition à l'air à six ou huit mois
« au plus ».

« Ainsi, de l'avis de MM. Perrier et Mégnin, il
s'est écoulé 5 à 6 mois environ depuis que ce cadavre de nouveau-né a été abandonné à l'air et
qu'il a pu être envahi par les *Aglosses* et les *Tyroglyphes*. Mais il est probable, si l'endroit où
il s'est desséché était absolument clos, sans communication avec l'extérieur, que le temps écoulé
depuis la naissance ait été plus prolongé et que
l'invasion par les acares datant de trois mois au
moins se soit fait sur un cadavre déjà ancien.

« Conclusion :

« 1° Ce cadavre est celui d'un enfant nouveau-né du sexe féminin, arrivé à la fin du neuvième mois de la vie intra-utérine.

« 2° Il n'est plus possible de constater s'il a subi des violences qui n'auraient atteint que les parties molles.

« 3° Il est également impossible de dire si l'enfant a respiré.

« 4° Les colonies d'Acariens et les chenilles d'Aglosses trouvées sur le cadavre, prouvent que le moment de mise à l'air de la momie date de six à huit mois, mais la date de la naissance ne peut être précisée ».

TROISIÈME APPLICATION

Il s'agit ici du cas d'un cadavre d'un jeune garçon de 7 à 8 ans, trouvé dans le courant de l'année 1882, dans une caisse à savon et complétement desséché, dans un logement du quartier du Gros-Caillou, qui avait été habité par sa mère, une femme de mauvaises mœurs, qui répondait au nom de Robert. Nous transcrivons ici textuellement la partie du rapport dont nous

avions été chargé, comme expert, avec M. le professeur Brouardel :

« Le cadavre du jeune Robert, desséché et momifié, gît dans une caisse semblable à celles
dans lesquelles on emballe du savon de Marseille
caisse trop courte pour sa taille, ce qui fait que
ses jambes y sont repliées et croisées dans la po-
sition dite en tailleur.

« Le torse est habillé d'une veste de laine et le
reste du corps enveloppé d'étoffes, débris d'un
vieux jupon et d'un vieux waterproof. Ce qui
frappe, en développant ces étoffes empesées par
un liquide gélatineux desséché dont elles ont été
imprégnées, c'est la quantité innombrable de
coques de nymphes, ou chrysalides de diptères,
qu'on met à jour : tous les plis en sont remplis
et on les y voit rangées côte à côte comme les al-
véoles d'une ruche d'abeilles ; leur nombre peut
être évalué à plusieurs milliers et nos préparations
en montrent quelques spécimens. L'immense ma-
jorité de ces coques sont vides, ce qui indique
que les insectes parfaits s'en sont échappé ; cependant, on en trouve encore quelques-unes occu-
pées par des nymphes et par quelques insectes
parfaits morts au moment où ils allaient en sortir,
ce qui permet de déterminer l'espèce à laquelle
ils appartiennent : les plus grandes de ces coques

ont été laissés par la *Sarcophaga laticrus* et les plus petites par la *Lucilia Cadaverina*. Nous verrons plus loin les enseignements que nous avons pu tirer de la présence de ces diptères.

« La momie, débarrassée de ses enveloppes, montre ses téguments collés aux os par suite de la destruction et de la disparition presque complète de la substance musculaire, qui ne paraît pas du reste avoir été bien abondante. Ces téguments sont détruits en grande partie, percés d'une foule de trous en écumoire et remplacés, sur une grande étendue, par une matière pulvérulente jaunâtre. La plupart des os sont à nu et recouverts de cette même poussière qui, examinée au microscope, se montre entièrement composée de dépouilles d'Acariens de l'espèce *Tyroglyphus longior* et de leurs déjections. Quant aux viscères, il n'en reste plus, remplacés qu'il sont par une matière noirâtre, grumeleuse, d'une odeur pénétrante de vieille cire. L'intérieur de la boîte crânienne est, de même, rempli d'une matière grossièrement pulvérulente, noirâtre, à reflets micacés produits par des cristaux de cholestérine ou d'autres acides gras. Dans cette matière, on voit encore un grand nombre de coques des diptères susnommés et, en plus, des coques d'insectes d'un autre ordre de deux grandeurs différentes et ayant les caractères

bien connus des dépouilles de larves de *Dermestes* et d'*Anthrènes*.

« Du reste, en cherchant bien, nous finissons
par trouver de rares cadavres d'individus adultes de ces genres, dans lesquels on reconnaît le
Dermestes lardarius et l'*Anthrenus museorum*.
Ce sont ces insectes et leurs larves qui ont produit les trous en écumoire, dont sont percés, en
différents sens, les téguments et les matières organiques desséchées qu'ils recouvrent encore en
quelques endroits.

« Une partie du cuir chevelu, avec les cheveux
y adhérant, ayant été mise de côté et examinée,
on la trouve farcie de poux énormes et de leurs
œufs : chaque cheveu est une véritable brochette
de lentes et les individus adultes de l'espèce *Pe-
diculus capitis* sont d'un développement remarquable. La mort de ces poux est contemporaine,
à quelques jours près, de celle du sujet puisque
l'on sait que ces parasites ne pullulent que sur
les corps vivants.

« Voyons maintenant les enseignements que
nous pouvons tirer, relativement au temps qui
a dû s'écouler depuis la mort de l'enfant, de la
présence des restes de ces différents insectes.

« Lorsqu'un cadavre est exposé à l'air libre,
nous avons vu plus haut qu'il est envahi, d'abord

par des diptères, dont les *larves* ou *asticots*, absorbent d'abord toutes les parties liquides, puis,
viennent les Dermestes et leurs larves qui font
disparaître les matières grasses rancies, et enfin
les Anthrènes et les Acariens qui dévorent les
partis sèches ou à peu près.

« Dans le cas actuel, le cadavre n'était pas
tout à fait à l'air libre, mais la caisse qui le renfermait avait les ais assez mal joints pour laisser entre eux des intervalles de 2 millimètres au plus ; voilà pourquoi les gros Coléoptères qui attaquent les cadavres et les grosses mouches des genres *Calliphora*, *Sarcophaga* et
même *Lucilia* n'ont pu y pénétrer : deux petites
espèces de Diptères seulement, la *Sarcophaga
laticrus* et la *Lucilia cadaverina* ont réussi à
atteindre le cadavre et ce sont leurs innombrables
larves, produits de plusieurs générations, qui ont
commencé l'œuvre de destruction du cadavre du
jeune Robert et laissé les nombreuses enveloppes
de nymphes dont les étoffes sont remplies. Les
larves de ces Diptères se développent très rapidement (moins d'un mois leur suffit pour arriver
à l'état de nymphes et il leur en faut à peu
près autant pour arriver à l'état parfait). Une
génération a donc six semaines à deux mois
d'existence, et celles qui suivent augmentent

en nombre suivant une proportion géométrique croissante, ce qui explique la quantité innombrable de dépouilles qu'elles ont laissées et cela pendant plusieurs mois. Comme ce n'est que dans la belle saison que ces insectes fonctionnent, lorsque le froid arrive, leurs métamorphoses sont arrêtées. Dans les étoffes enveloppant le cadavre toutes les pupes des mouches étaient vides, à l'exception de quelques rares exemples contenant des nymphes mortes dont l'évolution n'a pu être arrêtée que par le froid. Nous pouvons conclure de ce fait que les mouches carnassières ont opéré pendant toute une belle saison, et qu'à l'entrée de l'hiver leur œuvre était à peu près terminée.

« Pendant l'hiver, il y a eu repos pour les travailleurs de la mort.

« Au retour du printemps, le cadavre, débarrassé des humeurs aqueuses, a été envahi par les *Dermestes lardarius* dont le nombre de dépouilles est assez considérable On sait que ces Dermestes restent quatre mois à l'état de larve avant de se transformer en insectes parfaits ; l'absorption du gras de cadavre a donc été faite en quatre ou cinq mois. Puis sont venus les Anthrènes et les Acariens du genre Tyroglyphe. Toute la matière pulvérulente qui recouvre les différentes parties du corps est entièrement composée de dépouilles résultant des mues successives de ces Acariens, de leurs cadavres, de ceux de leurs larves hypopiales, et de leurs déjections ainsi que le montrent nos préparations.

« Quelques mois encore ont été nécessaires pour la production de ces nombreuses générations d'Acariens (bien qu'il soient adultes et aptes à se reproduire au bout de huit à quinze jours). Une saison tout entière a donc encore été employée par les Dermestes, les Anthrènes et les Acariens.

« Ce sont donc deux belles saisons successives qui se sont passées depuis la mort du jeune Robert qui, en conséquence, remonte à environ deux ans. »

(La mère, arrêtée depuis la rédaction de ce rapport, a fait des déclarations confirmant pleinement nos conclusions).

« La constation de l'existence de myriades de poux dans les cheveux ne nous a servi à rien pour apprécier l'époque approximative de la mort du sujet, mais cette constatation prouve que le malheureux enfant a manqué des soins les plus élémentaires pendant les dernières semaines de son existence, qu'il a été complètement abandonné et dévoré littéralement par la vermine ».

QUATRIÈME APPLICATION

Le 26 janvier 1883, une ordonnance de
M. Guillot, juge d'instruction, chargeait M. le
Dr Descoust et nous, de rechercher, s'il était possible, les causes, ou tout au moins l'époque à laquelle remontait la mort d'un enfant nouveau-né
qu'on venait de trouver desséché au fond d'un
placard, dans une maison du faubourg du
Temple.

Nous transcrivons ici la partie du rapport
dont nous fûmes spécialement chargé et qui
résume notre étude :

« Le cadavre de l'enfant nouveau-né, en question, se présente avec les téguments et les organes
sous-jacents à peu près intacts quoique complètement desséchés, mais encore très odorants ;
les téguments portent l'impression des linges
dans lesquels le cadavre a été enveloppé et
comme ficelé, lesquels linges sont empesés par
un liquide gélatineux qui a suinté du cadavre et
dont ils ont été imprégnés ; ils présentent dans
leurs plis quelques coques de nymphes de *mouches Sarcophages*, mais un bien plus grand
nombre de coques de nymphes d'un tout petit

diptère, dont on a retrouvé quelques cadavres d'insectes parfaits, ce qui permet de déterminer son espèce : c'est la *Phora aterrima*, petit moucheron noir qui a, au plus, 3 millimètres de long.

« Le cadavre présente au cou, à gauche, une anfractuosité déchirée, bordée de petits pertuis en trous d'écumoire communiquant avec l'intérieur du corps et exhalant une forte odeur de vieille cire rance. Cette anfractuosité paraît être le résultat du travail des larves de mouches et correspond à un point où l'enveloppe en tissu laissait un hiatus par où les insectes sarcophagiens ont pénétré. Dans le voisinage de cette anfractuosité, nous trouvons une coque de nymphe d'un grand sarcophagien, probablement la *Calliphora vomitoria* et des myriades de coques de la *Phora aterrima*. Ces coques existent aussi en grand nombre dans les cheveux de l'enfant qui sont très développés comme ceux de beaucoup d'enfants nouveau-nés.

« Nos recherches, sur toute la surface de cette momie, nous font reconnaître la présence de très rares acariens détriticoles des espèces *Tyroglyphus longior* et *Glyciphagus spinipes* qui se promènent sur les téguments mais n'ont pas encore établi de véritables colonies, car nous ne trouvons aucune trace de leurs cadavres ni de leurs déjections accumulées sous forme de pulvérin jaunâtre ; nous trouvons aussi dans les cheveux un spécimen vivant, mais unique, d'un petit coléoptère des cadavres, du groupe des Histérides et de l'espèce *Saprinus rotondatus.*

« Nos recherches répétées et persistantes ne nous font découvrir aucune espèce d'insectes ou de leurs dépouilles, les Dermestes et les Anthrènes en particulier, brillent par leur absence.

« Les renseignements à tirer de nos recherches sont les suivants :

« L'extrème rareté de diptères du groupe des Sarcophagiens indiquée par l'extrème rareté de leurs dépouilles, montre que l'époque de la mort remonte à une saison où ces insectes sont très rares comme l'entrée ou la fin de l'hiver. L'abondance des *Phoras* qui n'envahissent les matières en décomposition que quand elles sont à moitié desséchées, indiquent que quand la belle saison où ils pullulent est arrivée, la dessication du cadavre de l'enfant était assez avancée et a continué pendant le reste de la saison sous l'influence de ces diptères.

« Enfin, la rareté des Acariens, l'absence de Dermestes et d'Anthrènes qui sont, ces derniers surtout, des travailleurs de la seconde année, montrent que cette deuxième année n'était pas commencée encore.

« En conséquence, nous estimons que la mort de l'enfant remonte à environ un an et qu'elle a eu lieu avant le printemps de l'année 1882 ».

La mère de cet enfant, qui était une servante, arrêtée depuis la rédaction de ce rapport, a avoué qu'il était effectivement mort, au mois de février de la susdite année, et voici ce que M. Descoust nous écrivait au mois de mars 1883 :

. . . .

« Je vous annonce, en même temps, que l'appréciation que vous avez faite de la date de la mort de l'enfant est tout à fait exacte.

« La mère de l'enfant a été arrêtée depuis votre lettre et elle a avoué être accouchée le 3 février 1882 ».

CINQUIÈME APPLICATION

Il s'agit de trois momies de fœtus d'enfants dont deux étaient à terme et le troisième bien avant terme, trouvées enveloppées ensemble, dans un jardin où elles avaient été jetées pendant la nuit, au printemps de l'année 1884.

Nommé expert, avec M. le Dr Descoust, pour

examiner ces fœtus, nous transcrivons ci-dessous la partie de notre rapport rédigé le 14 mai 1883.

« Trois fœtus, dont deux à terme (n°s 166 A et 167 M) et un plus jeune (n° 168 P), entièrement momifiés et desséchés, trouvés enveloppés dans un même linge et dans un jardin où leur présence n'avait pas été constatée la veille, ayant été soumis à notre examen, voici le résultat de nos recherches :

« (N° 166 A) — Ce grand fœtus, largement à terme, comme l'indique le développement de ses follicules dentaires et ses longs cheveux noirs, est du sexe féminin. Il est desséché, momifié, et ne dégage aucune mauvaise odeur, seulement une odeur de vieux livre, de bouquin, ou de rance assez faible ; il est enveloppé en grande partie d'un linge fin empesé par des liquides albumineux cadavériques depuis longtemps desséchés ; il est parsemé de taches pulvérulentes jaunes de soufre produites par un cryptogame microscopique (*Isaria citrina* Robin). Dans les plis du linge existent un grand nombre de coques de nymphes de Diptères, la plupart vides, mais dont quelques-unes contiennent encore des nymphes à un état de développement plus ou moins avancé. Le corps du fœtus débarrassé des linges qui l'enveloppent, se montre couvert *intus* et *extra* d'une poussière roussàtre dans laquelle nous retrouvons des coques de nymphes semblables à celles des plis du linge et des myriades d'autres nymphes beaucoup plus petites et toutes vides, sauf quelques rares exemplaires qui contiennent encore de petits diptères morts au moment où ils allaient s'envoler et dans lesquels on reconnaît la *Phora aterrima*. Dans la même poussière existe aussi, soit libres, soit encore renfermées dans des coques, soit à l'état de débris d'ailes ou de corps, de nombreux cadavres d'un diptère dont on ne connaissait pas encore les mœurs à l'état larvaire, la *Curtonevra pabulorum* Rob. D. Nous trouvons encore dans la poussière rousse des coques de nymphes remarquables par leurs prolongements rameux latéraux qui caractérisent des nymphes d'*Anthomyies*; on trouve même des débris de ces diptères et surtout des ailes. Enfin, la poussière elle-même est entièrement composée de déjections et de cadavres d'Acariens des espèces *Tyroglyphus siro* et *Tyroglyphus longior* et de leurs larves hypopiales. Les cavités splanchniques ne conservent plus aucun organe; elles sont remplies par une poussière analogue à celle de la surface du corps et de même composition.

« (N° 167 M). — Le second fœtus, un peu moins

grand que le premier mais paraissant aussi être
à terme, est enveloppé d'un linge fin de même
qualité que celui du précédent; il est aussi au
même degré de dessication et a la même odeur
cadavérique. Nous trouvons aussi à sa surface
quelques coques de diptères et des débris d'insectes parfaits des mêmes espèces que chez le précédent (*Curtonevra pabulorum*, *Anthomyia*,
Phora aterrima) mais en petit nombre et quelques-unes écrasées par les linges, ce qui paraît
dû à ce que, après l'invasion des diptères et de
leurs larves, c'est-à-dire après les premières
phases de la fermentation putride, une enveloppe
de linge plus complète a été appliquée sur le
fœtus et a enfermé des larves qui ont été arrêtées
dans leur développement et écrasées. Néanmoins
il existe aussi de la poussière sur certaines parties du corps, non en contact avec le linge d'enveloppe, et, dans cette poussière, plus grossière,
on trouve quelques Tyroglyphes avec leurs larves
hypopiales, mais partout et en grand nombre,
un acarien très différent, de la famille des Gamasidés, du genre *Trachynotus*, et d'une espèce non
encore décrite par les Aptérologistes et que nous
avons nommé *Trachynotus cadaverinus*.

(N° 168 P). — Le plus petit des trois fœtus est
le moins âgé, car il est tout au plus né à terme,

est dans le même état de dessication que les précédents, il ne dégage pas plus d'odeur; mais il est si bien enveloppé de plusieurs doubles du même linge, que l'absorption des liquides cadavériques par ce linge a été assez active pour que la dessication ait pu s'ensuivre très rapidement en raison surtout de sa petitesse, — sans que les Insectes, non plus que les Acariens, y aient participé, ce qu'ils ne pouvaient, du reste, puisqu'il leur était impossible de pénétrer jusqu'au cadavre. Néanmoins, en raison de l'analogie de l'état de dessication, nous estimons que la mort de ce fœtus doit remonter à la même époque et à la même année que celle des précédents.

« Quelle est cette époque?

« Nous estimons que l'action des grands Diptères (*Curtonevra*, *Anthomyia*) s'est exercée pendant toute une belle saison; que l'année suivante les *Phoras* qui ne recherchent que les cadavres à moitié desséchés, ont continué, et que les Acariens ont terminé cette seconde année en brochant sur le tout; mais ceux-ci sont tous morts, et paraissent l'être depuis longtemps, ce qui nous autorise à porter à un minimum de trois ans le temps qui s'est écoulé depuis la mort des fœtus les plus grands ».

La connaissance des mœurs et des habitudes

des Insectes et des Acariens dont nous venons de
parler nous permet de tirer d'autres inductions.
Les Diptères de l'espèce *Curtonevra pabulorum* et
ceux du genre *Anthomyia* sont entièrement rurales ; c'est donc dans une localité rurale ou voisine des champs que les petits cadavres des fœtus ont été exposés à l'action des insectes. De
plus, si le fœtus n° 166 a pu être conservé dans
un grenier, comme l'indiquent les espèces acariennes qui ont achevé l'œuvre de dessication,
le fœtus n° 167, après avoir séjourné un certain
temps dans le voisinage du grenier, a été réen-
veloppé de nouveau et transporté au voisinage
d'un fumier ou d'un jardin, comme l'indique la
présence de l'Acarien Gamaside, le *Trachynotus*,
qui s'en est emparé et qui n'habite jamais l'intérieur des habitations, mais toujours les fumiers
ou amas de détritus organiques.

Quant au plus petit des fœtus, il a pu rester
sans inconvénient dans le voisinage du premier,
mais nous n'avons aucun indice pour nous ren-
seigner sur le lieu où il a été enfermé. En somme,
l'identité du linge fin qui a enveloppé chacun
des trois fœtus à l'origine, indique qu'ils l'ont été
sans doute par la même main et qu'ils se sont
desséchés dans différents endroits d'une habita-
tion rurale, bien qu'i's aient été trouvés à Paris.

SIXIÈME APPLICATION

Lettre de M. Mégnin a M. Brouardel

(*Janvier* 1884)

« Je viens vous rendre compte de l'examen que j'ai fait des résidus organiques qui se trouvaient à la surface du cadavre de l'enfant mort trouvé dans une cave et que vous m'avez donné à examiner.

« Les corpuscules blancs qui avaient l'apparence de petites larves d'insectes adhérant au carton qui enveloppait le cadavre en question, n'étaient autres que des particules un peu grossières de sciure de bois blanc. Les larves, chrysalides, ou débris quelconque d'insectes brillaient par leur absence, et il en était de même des Acariens. Sur la tête seulement existait une végétation cryptogamique bissoïde très intéressante, sans doute la même que celle trouvée par Lebert sur les croûtes d'un ulcère atonique de la jambe d'un malade.

« Cette absence complète de restes des Insectes des cadavres a une signification aussi importante que celle de leur présence, dans certaines circons-

tances ; en effet, si l'on fait attention à la saison
où la découverte du cadavre a été faite et si l'on
note que, pendant la saison froide, tous les insectes des cadavres disparaissent, la mort ne
peut pas remonter au-delà du commencement
de cette saison où les Insectes sont abondants et
qu'elle a eu lieu par conséquent au moment de
l'apparition des premiers froids, c'est-à-dire il
y a au moins deux mois.

« L'état de décomposition peu avancé du sujet
concorde avec cette appréciation aussi bien que
la présence des moisissures signalées plus haut.

SEPTIÈME APPLICATION

(Il s'agit ici de l'étude d'un fœtus trouvé dans
une caisse à Paris, caisse restée dans les rebuts
de l'administration des Messageries par suite
d'une fausse adresse intentionnelle).

Le fœtus, qui était à l'état frais, non encore en-
tré en décomposition, ce qui s'explique par la
rigueur de la saison (on était en mars 1886),
était entouré d'une matière terreuse à odeur de
fumier, lorsqu'il me fut remis le 31 mars, par
M. Socquet, médecin-légiste, pour être examiné.
Dans cette terre grouillaient un certain nombre

de larves blanches, petites, cylindro-coniques,
dans lesquelles je reconnus les larves de la mouche des fenêtres (*Musca domestica*) qui se développent d'habitude dans le fumier d'écurie. Ce
développement ne se fait que si la température
est favorable.

Au mois de mars la température est tellement
basse qu'aucune mouche n'était encore apparue.
Or, on sait que les premières mouches qui apparaissent au printemps, ce sont des femelles fécondées qui passent l'hiver engourdies dans des
trous de murs ou autres cachettes, et qui, en
pondant, fournissent les premières générations
de mouches de l'année. La présence de larves
dans la terre qui entourait le fœtus, prouve que
celui-ci vient d'un pays où le printemps régnait
déjà au milieu de mars et ce pays ne peut être
que le midi de la France.

Ce sont là toutes les déductions que j'ai pu tirer de l'étude de la pièce que j'ai eu à examiner.

HUITIÈME APPLICATION.

Appelé le 20 mars 1883 à examiner le cadavre d'un fœtus envoyé au laboratoire de Médecine légale de Paris, nous avons constaté que le

corps était desséché et à peu près complétement momifié, enveloppé dans des débris de linges, dans les plis agglutinés desquels existait une poussière noirâtre qui couvrait aussi une grande partie du cadavre.

L'examen de cette poussière, dans laquelle se promenait un certain nombre de larves vivantes sous forme de vers blancs cylindriques, à tête rousse, nous a montré qu'elle était composée presqu'entièrement de petits corps sphériques, opaques, rugueux, noirs ou bruns, qui n'étaient autre chose que les déjections de larves d'insectes.

Dans cette poussière se trouvait aussi :

« 1° Un certain nombre de pupes de mouches carnassières, pupes toutes vides dont les occu-pantes étaient envolées depuis longtemps.

« 2° Quelques fourreaux provenant des mues de larves de Lépidoptères du groupe des *Ti-néites.*

« 3° Quelques Acariens très vivants du genre *Tyroglyphus* qui se promenaient dans la pous-sière.

« 4° Enfin un grand nombre de fourreaux tissés, encore habités par une Tinéite, qui n'est autre que la fausse teigne des cuirs de Réaumur, l'*Aglossa cuprealis,* qui vit de matières animales desséchées. Ce sont certaines de ces chenilles sorties de leur fourreau, ou n'en ayant pas encore construit, qui se promènent dans la poussière noire et qui frappent la vue par leur blancheur, tranchant sur le fond noirâtre de la première.

« Voyons maintenant quelles indications nous fournissent les insectes ou débris d'insectes analysés ci-dessus.

« Les débris qu'ont laissé les mouches carnassières et l'absence complète de leurs cadavres ou de leurs larves, débris, du reste, en petite quantité, correspondent à une première belle saison, entièrement écoulée et qui était déjà avancée.

« Une deuxième période est indiquée par la présence des Aglosses dont les larves passent l'hiver pour se métamorphoser au printemps. Au moment où nous les examinons, elles ont leur entier développement et ont confectionné leur fourreau pour se préparer à cette métamorphose. Elles sont arrivées sur le cadavre en juillet dernier et c'est, par suite, l'automne précédent que se sont montrées les mouches carnassières. Ceci nous suffirait déjà pour faire remonter la mort du fœtus à l'automne de 1883 ; le calcul est confirmé par l'arrivée des Acariens et l'absence des

Anthrènes qui appartiennent à la troisième période, laquelle est sur le point de commencer.

« Nous sommes donc autorisé à conclure que l'époque de la mort du fœtus remonte à dix-huit mois, c'est-à-dire à l'automne de 1883. »

(La mère, arrêtée plus tard, a avoué que son enfant était mort en couche en octobre 1883).

NEUVIÈME APPLICATION

Le 13 janvier 1885, M. le Professeur Brouardel, nous chargeait d'examiner une jambe d'enfant desséchée et voici le compte-rendu que nous lui faisions de cet examen :

« Ce membre d'enfant a été évidemment disséqué : la peau est absente et les tendons, qui ont été manifestement isolés, se présentent sous forme de funicules cassants.

« Cette pièce n'a été exposée aux influences atmosphériques qu'assez longtemps après la mort, alors qu'elle était à moitié desséchée. En effet, les débris d'insectes et les champignons que l'on récolte à sa surface, appartiennent à la troisième période : les travailleurs du premier mois après la mort et même de la première année, brillent par leur absence. Les coques de nymphes que l'on trouve, et encore en petit nombre, appartiennent toutes à la petite mouche la *Phora aterrima*. Quant aux champignons microscopiques qui se montrent sous forme de points rouges plus ou moins rutilants, ce sont des *Spermacius* qui, eux aussi, ne se développent que sur les pièces sèches exposées ensuite à l'humidité.

« En somme, la pièce en question ne provient pas d'un cadavre d'enfant qui aurait été abandonné après sa mort. C'est une pièce anatomique ».

DIXIÈME APPLICATION

(Note remise à M. le Professeur Brouardel, au printemps de 1885, à la suite de l'examen d'un fœtus en putréfaction).

« Les pièces, à l'examen desquelles j'ai procédé, étaient constituées par un crâne et les autres os d'un fœtus, enveloppés d'un lambeau de chemise et en état de décomposition putride assez avancée.

« Le cerveau n'existait plus, les autres parties molles étaient figurées par un déliquium

noirâtre, répandant une forte odeur sulphydro-
ammoniacale.

« Ces pièces avaient été trouvées dans un compartiment de fourneau de cuisine, où elles
avaient pu subir, jusqu'à un certain degré et par
intermittence, l'influence de la chaleur déve-
loppée dans un compartiment voisin ; mais cette
chaleur, qui n'avait pas amené la dessication, aurait été impuissante à éloigner les insectes s'il
s'en était présenté.

« Or, dans l'examen que nous avons fait de ces
pièces, nous avons constaté qu'il y avait absence
complète de débris d'insectes que l'on trouve sur
les cadavres exposés à l'air libre. Sachant que
ces insectes se montrent exclusivement pendant
les saisons chaudes ou tempérées, du printemps,
de l'été et de l'automne ; nous en concluons que
le fœtus n'a pas été exposé à l'air pendant ces
saisons et que l'époque de sa mort ne remonte
pas plus haut que le commencement de l'hiver. »

ONZIÈME APPLICATION

M. le Dr Bouton, de Besançon, ayant envoyé
une communication sur deux cas d'infanticide, à
la Société de Médecine légale, avec des pièces à

l'appui, M. le D' Socquet fut chargé d'en faire un Rapport. C'est ce rapport que nous transcrivons ci-dessous :

« Une fille Régnier était arrêtée à Besançon le 20 août 1881 sous l'inculpation d'infanticide.

« Le 27 septembre de la même année, le D' Boulon fut commis par M. le juge d'instruction de Besançon :

1° A l'effet de rechercher si les ossements renfermés dans un panier, saisi au domicile de l'inculpé, étaient ceux d'un enfant ; de déterminer l'époque de la naissance.

2° De faire connaître le nom des plantes se trouvant dans le même panier en indiquant les propriétés vénéneuses ou abortives qu'elles peuvent avoir.

3° D'examiner le jupon noir à doublure bleue dans lequel l'inculpée aurait mis l'enfant, dont les ossements sont dans le panier, enfin de dire si ce jupon présente des traces de méconium, et, dans l'affirmation, préciser les conséquences qu'il y a lieu d'en tirer.

4° Enfin, nous expliquer sur l'allégation de l'inculpée, qui prétend qu'après être accouchée dans la nuit du 27 au 28 août, elle s'est endormie avec l'enfant entre les jambes jusqu'au lendemain matin six heures moins le quart, alors

qu'elle avait déjà eu deux enfants et qu'elle ac-
couchait, par conséquent, pour la troisième
fois.

Les conclusions du rapport de M. le Dr Bouton, ont été les suivantes :

« 1° Nous avons, sous les yeux, les ossements
de deux enfants. Un de ces deux enfants était à
terme, il est né au printemps de 1880, ainsi que
l'indique la présence de coques vides de mouches
carnassières. Le méconium, rencontré sur le jupon, indique qu'il a vécu, car nous pensons
qu'il a rendu son méconium hors du sein ma-
ternel. Il est possible que le deuxième produit
n'ait que huit mois ou huit mois et demi, aucun
indice ne nous permet d'établir exactement
l'époque de sa naissance.

« 2° Les plantes contenues dans le panier ne
sont ni vénéneuses ni abortives.

3° Le jupon est taché de méconium, indice à
peu près certain que l'enfant est né vivant et
qu'il a succombé à une mort violente.

« 4° La rouille ne permet plus de reconnaître
s'il y a eu des taches de sang.

« 5° Enfin, il ne nous est point possible d'admettre que l'inculpée, accouchant, pour la troisième fois, dans la nuit du 27 au 28 août, ait pu
dormir jusqu'à six heures du matin, sans avoir

été réveillée par des douleurs de coliques uté-
rines. »

Nos conclusions étant conformes à celles de
M. Bouton, pour toutes les questions, à l'exception de la première, nous ne nous occuperons
que de celle-là en indiquant les recherches auxquelles nous nous sommes livré.

Le Dr Bouton s'exprime ainsi dans son rapport :

« *Examen des os, des tissus et des insectes.*

« Les os de l'un des produits sont en partie
recouverts de tissus desséchés, momifiés, c'est-à-
dire, qu'au lieu de se trouver en état de putréfaction ordinaire, placés dans un lieu sec, peu
aéré, ces tissus se sont parcheminés et transformés en gras de cadavres. On y trouve des trous
et de nombreux sillons, effets des larves qui ont
rongé la matière. Ces larves nous ont laissé,
non seulement les traces de leur passage, mais
encore des chrysalides, des petits vers blancs de
six à huit millimètres de long. Quelques-uns se
sont transformés en nymphes. Nous retrouvons quelques Coléoptères d'une extrême petitesse.

« Les coques de nymphes sont toutes ouvertes
par une extrémité ; elles ont six millimètres de
long sur trois millimètres d'épaisseur ; leur as-

pect est brun-rouge, couleur acajou. Ces coques
ont renfermé la mouche carnassière. C'est dans
l'été de 1881, que la mouche est sortie de sa
métamorphose. L'histoire naturelle nous apprend
que la femelle pond ses œufs pendant l'été ; ces
œufs, devenus larves, conservent cette forme en
se nourrissant de chairs pendant l'automne et
l'hiver pour se transformer en nymphes au
printemps, et en insectes parfaits au commencement de l'été. La chaleur hâte leur éclosion. Ainsi, il faut un an pour que la métamorphose s'opère et quand, le 27 septembre nous
avons à examiner ces pièces, elles étaient ce
qu'elles sont aujourd'hui, des coques ouvertes
dont les mouches étaient sorties au commencement de l'été.

« 2° Les vers blancs et leurs chrysalides sont
les produits de la mite ou petit papillon dont les
larves attaquent les tissus animaux desséchés.
La femelle fécondée pond des œufs en automne,
d'où sortent des larves qui se transforment au
printemps en donnant des chrysalides qui conservent la forme des vers en brunissant. Cette
chrysalide mesure neuf millimètres de long sur
deux d'épaisseur ; elle présente deux cornes à sa
petite extrémité.

« Au printemps, le papillon sortira de sa

coque. La femelle a déposé ses œufs en automne 1880. C'est au printemps de 1882 que l'insecte se montrera sous sa forme de papillon.

« Nous avons soumis à M. Gaston Moquin-Tandon, professeur d'histoire naturelle à la faculté des Sciences de Besançon, un des petits coléoptères trouvés dans les débris d'insectes, pour le déterminer, et ce savant nous a appris que c'est le *Drilus flavescens*.

« Conclusion de ce qui précède: d'après les transformations subies par les Insectes que nous avons rencontrés, nous pouvons affirmer que l'un des fœtus soumis à notre examen, venait de naître à la fin du printemps et au commencement de l'été de 1880 ».

M. Socquet fait remarquer que la détermination de l'époque de la mort d'un enfant par l'examen de son cadavre plus ou moins desséché, s'est présentée assez rarement à l'attention des médecins légistes, qu'il n'existe pas encore de règles fixes en cette matière et que la solution d'un tel problème devient fort délicate. Il y a lieu, en effet, de tenir compte des circonstances propres à chaque cas, suivant que le cadavre a été exposé dans un lieu sec ou humide, au contact ou à l'abri de l'air, enfin posséder des connaissances entomologiques approfondies. M. Soc-

quet, pour vérifier ce dernier point, a appelé à
son aide M. Mégnin, un spécialiste en la matière, lequel ne croit pas pouvoir accepter les
conclusions de M. le Dʳ Bouton, pour les raisons
suivantes :

« 1° Après avoir reconnu que certaines coques
brunes de six millimètres de long sur trois
millimètres de diamètre, sont bien des chrysalides vides de mouches carnassières, l'auteur
dit :

« L'histoire naturelle nous apprend que la
« femelle pond ses œufs pendant l'été, que ces
« œufs donnent des larves qui se nourrissent des
« chairs où elles sont déposées, pendant l'au-
« tomne et l'hiver pour se transformer au prin-
« temps suivant en chrysalide et dans l'été en
« Insectes parfaits ». Ce n'est pas cela que nous
apprend l'histoire naturelle, mais ceci : *la mouche carnassière* ne met qu'un à deux mois pour
parcourir toutes ses phases, de l'état d'œuf à
celui d'Insecte parfait, et non un an comme dit
l'auteur. C'est vrai, en général, pour les papillons,
mais nullement pour les mouches, lesquels du
reste ne travaillent jamais ensemble comme
paraît le croire le Dʳ Bouton. Et puis les chrysalides à petite extrémité munie de deux cornes
qu'il croit devoir appartenir à des teignes, et

dont il joint des exemplaires à son rapport, sont au contraire des chrysalides d'un petit coléoptère mangeur de gras de cadavre, le *Dermestes lardarius*. C'est bien un travailleur de la deuxième année, qui met quatre mois à parcourir ses différentes phases, mais tout le passage consacré à cette prétendue mite est complétement erroné.

« 3° Les petits coléoptères qui, sur la détermination de M. Moquin-Tandon, sont des *Drilus flavescens* et se trouvaient dans les résidus des poumons des cadavres, constituent par leur présence dans ce milieu un fait nouveau et très intéressant, car jusqu'à présent on ne les avait rencontrés que dans les coquilles d'escargots morts. Cette espèce sera donc à ajouter à la longue série des Insectes des cadavres déjà classés.

« L'examen microscopique de la poussière des petits cadavres n'a pas été fait par l'auteur. Nous l'avons fait de celle qui accompagnait les chrysalides envoyées, et nous y avons trouvé des cadavres d'Acariens et de leurs larves hypopiales, ce qui prouve que leur période d'activité était passée, et ce qui porte à plus de deux ans, très probablement à trois, l'âge du cadavre en question.

DOUZIÈME APPLICATION

A propos d'une communication, à l'Académie
de médecine, par M. le Professeur Audouard,
de Nantes, d'un cas de momification de cadavre
adulte, à l'air libre et à la température ordinaire, M. le Professur Brouardel, chargé d'un
rapport sur cette communication, nous ayant
demandé notre concours pour l'examen d'une
jambe du dit cadavre, qui avait été envoyée de
Nantes, nous transcrivons ci-dessous le compte-
rendu de cet examen (Voyez *Bulletin de l'Acad.
de Médecine*, 15 juin 1886).

Il s'agissait du cadavre d'une bonne d'une
vingtaine d'années assassinée et abandonnée
dans une cave sous un lit de paille pendant
plus d'une année. Le cadavre s'était momifié en
conservant ses formes, et M. Audouard attri-
buait ce phénomène à des actions physico-chi-
miques du milieu et des parois de la cave. Nous
verrons que la cause est entièrement d'ordre
biologique.

« La jambe de la momie a une peau parcheminée, jaune-brunâtre, rigide, sonore ; mais
quand on la presse elle cède en donnant la sen-

sation d'un rembourage de coton interposé entre
elle et les os.

« L'incision de cette peau fait voir qu'en dessous il n'y a plus ni tissu musculaire, ni vais-
seaux ; à la place existe une substance fibril-
laire très ténue, sorte de bourre constituant un
tissu analogue au tissu de l'amadou, et fortement imprégné d'une poussière très fine et
extrèmement abondante.

« Ce tissu, lavé et dégagé autant que possible
de la poussière qui l'imprègne, examiné au microscope, se montre constitué presqu'exclusivement par les fibrilles desséchées du tissu conjonctif, dans lequel on distingue très bien les
filets nerveux, aussi desséchés, et quelques
rares débris de fibres musculaires qui ont
échappé aux mandibules des rongeurs microscopiques.

« La poussière, qui est interposée en abondance entre les fibrilles du tissu dont nous venons de parler, est constituée entièrement par
des cadavres de myriades d'Acariens à tous les
âges, les coques vides de leurs œufs et leurs déjections. L'étude des cadavres de ces Acariens
nous a permis d'en reconnaître cinq espèces bien
distinctes : le *Tyroglyphus siro*, le *Tyroglyphus
longior*, le *Cœpophagus echinopus*, un Uro-

pode d'espèce nouvelle qui était particulièrement abondant et que nous proposons de nommer *Uropoda nummularia* à cause de sa forme ronde et plate et enfin le *Cheyletus eruditus*. Les quatre premières espèces sont des travailleurs actifs, des dévorants des matières mortes et ils ont été les agents exclusifs de la disparition des tissus musculaires, vasculaires et parenchymateux humides du cadavre ; mais le dernier, le Cheylète n'y a pas contribué : c'est un chasseur d'Acariens, attiré par la présence des Tyroglyphes dont il fait sa pâture habituelle ainsi que je l'ai démontré ailleurs.

« Les premiers Acariens qui ont été la souche des générations incalculables qui se sont succédé dans la momie, ont dû être apportés par la paille dont elle était recouverte, car nous avons constaté, il y a longtemps déjà, que ces infiniment petits pullulent dans les fourrages et autres végétaux desséchés. Ce sont les agents de la transformation en terreau des substances organiques.

« Le travail des Acariens rongeurs de cadavres était en pleine activité quand on a découvert la momie, et ils auraient fini après un temps plus ou moins long, par laisser les os presqu'à nu. La preuve qu'ils étaient loin d'avoir terminé leur œuvre, c'est que la curieuse métamorphose hypopiale qu'ils présentent et qui ne survient que quand ils sont en proie à la disette, n'avait pas encore eu lieu : nous n'avons trouvé aucune trace des nymphes hypopiales.

« L'abondance des Acariens, qui étaient en nombre immense, incalculable, dans la jambe de momie que nous avons eu à examiner, prouve qu'ils ont été les principaux agents de cette momification, sans nier toutefois qu'ils aient été aidés par des circonstances atmosphériques spéciales. Cette momification a aussi été favorisée par la constitution sèche de la victime, constitution indiquée par l'absence de dépouilles de Dermestes et d'Aglosses qui sont les agents de la consommation des acides gras et des savons des cadavres.

TREIZIÈME APPLICATION

Le 10 décembre 1888 on trouva dans une chambre à Paris, assis dans un fauteuil, le cadavre, en partie desséché, d'un homme qui avait probablement été frappé d'apoplexie. Nous fûmes chargé, par l'examen des Insectes et de leurs débris qui existaient sur ce cadavre, de déterminer approximativement l'époque à laquelle remontait la mort.

Cet examen fut fait le 12 décembre 1888.

Voici l'inventaire des insectes trouvés, soit à l'état de cadavre, soit à l'état de débris, de coques, de pupes et même de larves vivantes.

Lucilia Cæsar, rares exemplaires adultes, morts, et quelques coques vides de nymphes.

Pyophila petasionis Duf. Larves par myriades tombant à foison de tous les côtés quand on remuait le cadavre, très vivantes et sautant comme celles du fromage auxquelles elles ressemblent entièrement, sauf qu'elles sont un peu plus fortes et un peu plus vigoureuses.

Dermestes Frischii en très grand nombre à l'état parfait et surtout à l'état de larve.

Corynètes, ou *Necrobia*, *rufipes* et *ruficollis* à l'état parfait ou à l'état de larve, assez abondantes.

L'absence des travailleurs de la première heure ou première escouade (*Curtonevra*, *Calliphora*) indique qu'à l'époque de la mort ces mouches n'existaient pas, probablement à cause du froid.

L'apparition de quelques Lucilies, indique que la température s'est adoucie au moment où l'on entrait dans la deuxième période de la décomposition putride, c'est-à-dire que le printemps s'accusait. Les fermentations butyrique, et même caséeuse, ont dû être dans leur plein pendant les grandes chaleurs et appeler les *Pyophiles* et les *Dermestes* et, six mois après, nous les trouvons en pleine période larvaire et mûres pour se transformer en nymphes et en insectes parfaits, ce à quoi sont déjà arrivés les *Dermestes Frischii* et les *Corynètes*, à moins que les adultes de ces espèces ne soient arrivés là pour pondre.

Dans tous les cas, nous n'avions là que les travailleurs des deux parties extrêmes d'une année même pas entière, aussi estimons-nous que la mort doit remonter au milieu de l'hiver précédent, en janvier ou février.

Les renseignements obtenus par la police portent en effet que le sujet avait disparu après la première quinzaine de janvier. C'était un colporteur qui parcourait la province et qui, bien régulièrement, chaque trimestre, venait renouveler ses provisions à Paris. On ne l'avait plus revu après le terme de janvier qu'il avait payé aussi régulièrement que tous les autres.

QUATORZIÈME APPLICATION

Le 25 mars 1890 à l'amphithéâtre de la
Morgue et sur l'invitation de M. le Professeur
Brouardel, nous avons procédé à l'examen d'une
tête humaine coupée, enveloppée dans un vieux
jupon de laine et trouvée dans les colis de rebut,
de la gare des marchandises de Bercy, de la
Compagnie P. L. M. Voici la note que nous avons
rédigée pour le rapport d'expertise :

« Le crâne, auquel adhéraient encore quelques
mèches de longs cheveux noirs (de femme) était
à peu près entièrement dépouillé des tissus mous
qui l'avaient recouvert ; il en existait cependant
encore une petite partie, du poids de quelques
grammes et constituée par du tissu ligamenteux
ramolli, au voisinage du trou occipital. Sa cavité
crânienne, ouverte par un trait de scie, contenait
encore un reste de cervelle formant une couche
d'un centimètre et demi, qui s'était rassemblée
dans la partie déclive en une nappe concrétée
après ramollissement et dont la surface était
noircie par une couche d'un demi-centimètre, de
déjections d'insectes qui avaient fait leur pâture du reste du cerveau.

« Au point de vue entomologique, voici le résultat des recherches auxquelles nous nous
sommes livré sur cette pièce :

« 1° Le tissu de laine, qui avait servi d'enveloppe, renfermait dans ses plis des coques vides
de nymphes de diptères sarcophages, en nombre
assez restreint et appartenant aux genres *Curtonevra*, *Calliphora*, et *Lucilia*.

« 2° Quelques très rares coques vides des
mêmes insectes se trouvent aussi dans les cavités
orbitaires et dans les cavités nasales.

« 3° Une quantité innombrable de coques vides de nymphes de *Dermestes lardarius* et *Dermestes Frischii* existaient dans les cavités orbitaires et nasales, dans les cheveux, sur divers
points de la surface du crâne et surtout à la base
et près du trou occipital où existait un amas de
matière noirâtre humide et granulée qui n'était
autre qu'une accumulation de déjections de larves de *Dermestes* sur un reste de ligament.

« 4° Sur le reste de la matière cérébrale qui,
après avoir été diffluente s'était déposée dans un
bas-fond et concrétée en un savon cadavérique,
et sur la couche superficielle noirâtre constituée
par des déjections de Dermestes, existait aussi
une grande quantité de dépouilles de ces insectes
au milieu desquelles nous avons recueilli plu-

sieurs nymphes mortes avant d'avoir achevé leur
métamorphose et trois individus parfaits de l'espèce *Dermestes Frischii* morts ; un événement, le
froid certainement, les avait saisis au moment où
ils se disposaient à quitter le lieu où ils avaient
vécu à l'état de larve et où ils avaient subi leur
transformation en nymphe.

« Aucun autre insecte, à part deux larves
d'*Aglossa pinguinalis* bien vivantes qui indi-
quaient le début d'une troisième période. Aucune
trace de Phoras, d'Anthrènes ou d'Acariens n'a
été constatée.

« De cette étude entomologique nous tirons
les déductions suivantes :

« Le nombre relativement restreint des dépouilles de diptères sarcophages, nous donne à
penser que la saison pendant laquelle ils ont
travaillé a été courte et qu'ils ont laissé une
abondante provision de matières grasses et albuminoïdes, qui, livrées tranquillement aux fermentations butyrique et caséeuse pendant une
saison froide, ont servi, au printemps qui a suivi,
à nourrir une véritable armée de Dermestes. L'évolution individuelle de ceux-ci est de quatre mois
et nous avons vu que les derniers métamorpho-
sés ont été saisis par le froid et arrêtés sur la
place où nous les avons trouvés. Ce froid est ce-

lui de l'hiver qui vient de s'écouler puisqu'ils n'ont pas eu de successeurs. L'année 1889 tout entière a donc été occupée par le travail des Dermestes, et les derniers beaux jours de l'année 1888 par celui des diptères sarcophages. C'est donc à l'automne de l'année 1888 que remonterait la mort du sujet auquel appartenait la tête que nous avons examinée. A moins que les fermentations cadavériques n'aient marché plus vite sur une tête séparée du tronc que sur un cadavre entier, ce qui raccourcirait les périodes d'un trimestre. Mais nous ne le pensons pas.

« P. M. »

Un paquet de linges et étoffes isolés, ayant été aussi trouvé dans les colis en souffrance en même temps que le paquet contenant la tête dont il est question ci-dessus, ce paquet nous fut envoyé à examiner par M. le Professeur Brouardel et voici la réponse que nous lui fîmes :

« Vincennes, le 18 juillet 1890.

« Monsieur Socquet m'ayant prié, de votre part, d'examiner un paquet d'étoffes qui provenait de la gare de Lyon et envoyé à la Morgue par le Commissaire de Police, nous y avons trouvé, surtout dans une pièce centrale en coton, qui était empoissée, humide, comme si elle avait eu enveloppé des matières animales en décomposition, nous y avons trouvé, disons-nous, des débris d'insectes et même des insectes parfaits du genre *Dermestes*, exactement les mêmes que nous avons déjà récoltés sur la tête de femme examinée auparavant. En sorte que ces témoins entomologiques établissent une relation étroite entre le paquet de linge et la tête en question ».

Sur le vu de cette note, qui fut intercalée dans notre rapport commun, — nous avions été nommés experts, M. le Professeur Brouardel et moi, pour cet examen, par ordonnance du 16 avril précédent, par M. le Juge d'instruction Althalin, — nous reçûmes de ce magistrat, le 2 novembre, la lettre suivante :

« MONSIEUR L'EXPERT,

« J'ai pris connaissance de vos rapports dans l'affaire relative à la tête trouvée à Bercy. Il y aurait lieu de conclure que la tête de femme, le sac et le jupon faisaient partie du même colis que les vêtements, linges, fragments de tapis, déposées en consigne à la gare P. L. M. le 5 juin 1889 par un individu ayant donné le nom de Benoit.

« Mon ordonnance du 16 avril indiquait déjà, au sujet des vêtements, linges, fragments de tapis consigné sous le nom de Benoit, qu'ils contenaient des vers et qu'on pouvait se demander si la tête de femme, le jupon et le sac n'en auraient pas fait partie.

« De cette consigne faisait partie une jupe verte sur certains points de laquelle vous avez constaté l'existence de nombreux trous et de taches jaunâtres paraissant résulter du contact de l'étoffe avec un liquide plus ou moins corrosif. — Vous ajoutez *qu'au niveau de certains plis formés par l'étoffe*, on trouve quelques coques vides de nymphes et des insectes parfaits du genre Dermestes, *exactement semblables à ceux qui ont été recueillis sur la tête de femme*. Cette identité, concluez-vous, démontre que la tête et ces différents objets ont été enfermés vers la même époque.

« Il en résulterait que :

« 1° La mort remonterait à l'automne 1888, la tête n'aurait été déposée à la C^le P.-L.-M. que le 5 juin 1889.

2° La tête, le sac et le jupon auraient fait partie du même paquet que le vêtement et notamment la jupe verte dont il est parlé ci-dessus.

« Dès lors, les investigations qui ont porté jusqu'à présent spécialement sur la province de-

vraient être reprises sur un colis Benoit, déposé
en consigne à Paris même, en juin 1889.

« Avant de reprendre les recherches sur ce
nouveau point de départ, j'ai l'honneur de vous
prier de me faire savoir si les coques et les insectes *adhéraient* au moins en partie à la jupe
verte du colis Benoit. Dans le cas contraire, il se
pourrait que le colis Benoit ayant été ouvert le
premier, l'homme d'équipe ait ensuite ouvert le
sac contenant la tête et l'ait secoué sur le contenu du colis Benoit, lequel se serait ainsi
trouvé, en qu. que sorte, saupoudré des coques
et des vers tombant du sac. Si, au contraire, ces
coques et insectes adhéraient à la jupe du colis
Benoit, il y aurait lieu de retenir les conclusions
ci-dessus et de reprendre les investigations sur
une nouvelle base.

« Veuillez agréer, Monsieur l'Expert,.....

« Signé : ATTHALIN ».

Voici notre réponse :

« MONSIEUR LE JUGE D'INSTRUCTION,

« Dans ma note remise le 18 juillet dernier à
Monsieur le Professeur Brouardel pour être intercalée dans notre rapport commun sur l'examen

du paquet de linge déposé en consigne à la gare
P. L. M. le 5 juin 1889, je disais : « qu'une pièce
« centrale en coton (jupe verte) était empoissée
« et humide comme si elle avait enveloppé des
« matières animales en décomposition, et conte-
« nait dans ses plis des débris d'insectes, et
« même des insectes parfaits du genre *Dermestes*,
« exactement les mêmes que j'avais recueillis
« sur la tête de femme examinée auparavant.
« En sorte que ces témoins entomologiques éta-
« blissent une relation étroite entre le paquet de
« linge et la tête en question ».

« Pour moi, adhérents ou non, — ils adhèrent
rarement littéralement — les insectes en question ont été attirés par les liquides organiques
(et non pas corrosifs) qui ont imbibé le jupon
vert, liquides qui étaient de même nature que
ceux qui s'écoulaient de la tête coupée. Avaient-
ils la même source ? C'est probable, mais je ne
puis l'affirmer. Dans tous les cas, je ne pense pas
que ce soit en secouant le colis-tête, qu'ils sont
tombés sur le colis-jupon. Cette opération n'ex-
pliquerait pas, du reste, la présence du liquide
putride actuellement presque desséché qui avait
empesé le jupon vert à une époque antérieure ».

« Agréez..... « P. M. »

QUINZIÈME APPLICATION

Le 15 juin 1890, nous étions prévenu que nous étions commis, M. le Professeur Brouardel, M. le Dr Socquet et nous, par M. Atthalin, juge d'instruction au tribunal de première instance de Paris, pour examiner un cadavre d'enfant trouvé le 7 juin précédent à la gare de Lyon et transporté à la Morgue, à l'effet notamment de déterminer l'époque à laquelle remonterait la mort.

Voici la partie du rapport général qui nous incombait, et que nous avons fournie le 3 juillet suivant.

« Ce cadavre est entièrement desséché, réduit à l'état de momie et sans odeur ; les téguments ont l'aspect et la consistance de vieux parchemin jauni et les tissus sous-jacents des membres sont fibreux et secs comme de la filasse agglutinée. Les cavités splanchniques et cérébrales sont entièrement vides, à parois noirâtres et sèches, et contiennent une grande quantité de débris d'insectes presqu'entièrement constitués par des coques vides d'un petit diptère de l'espèce *Phora aterrima*, et par quelques cadavres d'Acariens du genre *Tyroglyphus*. Ces mêmes débris d'insectes existent aussi en grande quantité à la surface du corps où ils sont accumulés dans les dépressions et les plis, comme au creux de l'estomac, aux aisselles et aux aines. Sur le front, dans les mèches de cheveux, existent des coques de nymphes de mouches carnassières (*Callifora romitaria, Lucilia Cæsar*).

« Dans les linges qui enveloppaient le petit cadavre et qui sont empesés par des liquides qui se sont épanchés après la mort, existe dans les plis une certaine quantité de coques vides des mêmes mouches sarcophages.

« Les recherches les plus minutieuses n'ont fait constater la présence de restes d'aucune autre espèce d'insectes des cadavres ; les *Dermestes* et les *Aglosses* entre autres brillaient par leur absence, aussi bien que les *Anthrènes* et les *Tinéides*.

« De cette analyse nous tirons les déductions suivantes :

« La quantité de débris de mouches sarcophages est relativement peu considérable et indique que leur apparition, qui suit immédiatement la mort, a eu lieu à une fin de saison chaude, c'est-à-dire en automne (si la saison avait été moins avancée, leurs larves auraient réduit le petit ca-

davre à l'état de squelette). Ce qui indique, du
reste, que l'hiver a suivi d'assez près la mort,
c'est l'absence de *Dermestes* et d'*Aglosses* qui
auraient été attirés par la fermentation butyrique
pendant laquelle se forment les acides gras, si
cette phase avait eu lieu dans une saison
chaude pendant laquelle existent les insectes.

« L'abondance de débris de *Phoras aterrima*,
qui sont attirés par les odeurs qui se dégagent
pendant la troisième phase de la fermentation
putride, phase pendant laquelle tous les organes
mous déjà putréfiés sont réduits en un déliquium noirâtre, indique que ces insectes se
sont repus pendant toute une belle saison, et
ont fait disparaître le contenu des cavités splanchniques aussi bien que tous les liquides, ce qui
a amené la momification.

« L'absence de toute odeur et de tout travailleur
de la mort vivant, indique que la momification
était complète à l'entrée du second hiver et
que, depuis aucun de ces travailleurs n'a fonc-
tionné.

« Nous avons donc la preuve que deux hivers
se sont écoulés depuis la mort de l'enfant en
question et que cette mort remonte au moins à
l'automne de 1888.

« Elle ne peut guère être antérieure, car si un

été chaud avait suivi le second hiver, les anthrènes et les petites teignes, qui se nourrissent
de matières animales desséchées, auraient ap-
paru et auraient laissé des traces, ce qui n'est
pas.   « P. M. »

SEIZIÈME APPLICATION

*Affaire de restes humains expédiés de la gare
d'Ivry (Seine), à Bordeaux (Fille Buchet).*

Experts, MM. Socquet et Mégnin, *commis par
ordonnance de M. le Juge* Atthalin, *du 23 octobre 1890.*

Voici la partie du rapport rédigée par nous :

. . . .

« Enveloppé dans un couvre-pied piqué,
d'étoffe peinte en imitation de châle, se présentent les os d'un fœtus humain, dissociés, dénu-
dés, épars dans une poignée de terreau noirâtre, gras, et répandant une forte odeur
ammoniacale.

« Ce terreau, de constitution finement fibril-
laire, est entièrement constitué par les déjections
des insectes sarcophages qui ont fait disparaître
toutes les parties molles membraneuses et tendi-

neuses du petit cadavre, à l'exception d'un petit
lambeau de peau parcheminée et de quelques
fins et courts cheveux que l'on trouve mêlés à ce
terreau, ainsi que les restes des insectes en question. Ces restes sont représentés par des coques
vides de nymphes de *Curtonevra stabulans*,
de *Sarcophaga arvensis* et de *Dermestes lardarius*. L'examen microscopique qui a permis
d'établir la nature et la constitution du terreau,
a fait reconnaître en même temps la présence de
cadavres d'Acariens de l'espèce *Tyroglyphus
echinopus* (ou *Cœpophagus echinopus*). Enfin
nous avons trouvé, mêlés à ce terreau, quelques
débris de feuilles d'orme desséchées, un débris
d'écorce d'arbre et trois fruits ailés, ou samares,
de frêne commun.

« La présence des débris de *Curtonèvres*, de
Sarcophages et de *Dermestes*, avec la succession
régulière des trois premières escouades des travailleurs de la mort, pendant toute une belle
saison (*Curtonèvres* ou *Sarcophages* deux mois ;
Dermestes quatre mois). La présence des Acariens qui ont achevé le nettoyage des os, indique
qu'il s'est écoulé au moins deux autres belles
saisons. C'est donc au moins au commencement
de l'été 1888 que remonterait la mort du fœtus.

« Un indice spécial confirme du reste cette ap-

préciation : c'est la présence de graines ailées de
frêne commun que le vent fait voltiger dans
toutes les directions au commencement de juin ;
la floraison de cet arbre a lieu en avril et en
mai.

« Enfin, la présence de ces fruits, celle des
débris de feuilles d'orme, d'un morceau d'écorce
d'arbre, indiqueraient que c'est dans un jardin
ou un verger, que s'est effectuée la confection du
funèbre colis.

« Vincennes, le 3 novembre 1890 ».

« P. M. »

DIX-SEPTIÈME APPLICATION

*Affaire de Villemomble (Disparition de Made-
moiselle MÉNÉTREY).* — Accusée Euphrasie
MERCIER).

Dans l'affaire de Villemomble, qui s'est jugée
en 1885 et qui a eu un certain retentissement,
nous avions été nommé expert avec MM. les professeurs Brouardel et Riche, et chargé spécialement de la partie zoologique, c'est-à-dire de la
détermination des divers os trouvés dans plu-

sieurs endroits du jardin de la propriété de Villemomble appartenant à la disparue, et, s'il était
possible, de la détermination de l'époque de leur
enfouissement.

A l'exception d'un groupe d'os presqu'entièrement calcinés, trouvés enfouis sous une corbeille
de *Canas*, et qui furent reconnus par M. Brouardel pour être des os humains ayant appartenu à
une femme de plus de 25 ans, tous les autres os,
trouvés dans différents endroits du jardin,
étaient des os d'animaux provenant de la cuisine.

Il y avait un intérêt capital à savoir à quelle
époque approximative les os humains avaient été
enfouis dans la terre et si nous sommes arrivé,
dans d'autres circonstances, à déterminer assez
exactement l'époque de la mort par l'étude des
nombreuses générations d'insectes et d'acariens
qui se succèdent régulièrement sur les cadavres
exposés à l'air, ici les travailleurs de la mort
faisaient complètement défaut.

Nous sommes néanmoins arrivé à un résultat
assez satisfaisant par l'examen minutieux de la
terre qui entourait les os et de certains témoins
végétaux qui avaient été enfouis en même
temps.

Une dizaine de larves de la petite fourmi
noire (*Formica nigra*), récoltées au milieu de

cette terre indiquait qu'un nid de cette espèce de fourmi avait existé en ce lieu et sa présence prouvait que la terre en question était ferme et n'avait pas été remuée depuis plus d'un an au moins, car les fourmis de cette espèce ne fondent pas d'établissement dans les terres souvent remuées ou bouleversées chaque année par la pioche ou la charrue.

Dans la même terre, nous avons trouvé les restes de deux bulbes d'une plante de la famille des Liliacées, dont il ne restait plus que l'enveloppe extérieure composée d'écailles brunes réunies en cuvette, desséchées et coriaces, ressemblant à des feuilles mortes en voie de passer à l'état de terreau. Dans cette enveloppe existait une matière terreuse, très fine, mêlée à des filaments organiques aussi très fins, laquelle matière terreuse, examinée au microscope, s'est montrée constituée presqu'entièrement par les déjections et les dépouilles d'une population acarienne représentée par les cadavres de nombreux individus de tout âge et de deux sexes, et par leurs larves hypopiales ; quelques individus vivants cherchaient encore leur subsistance dans le terreau et sur les écailles desséchées de l'enveloppe des bulbes de liliacées. Ces Acariens appartenaient à l'espèce *Carpophagus echinopus*, du groupe des Tyroglyphinés, et qui est connue pour vivre principalement sur les bulbes morts des lis de jacinthes, et sur les tubercules de pommes de terre. — Nous avons vu ailleurs qu'ils ne dédaignent pas les substances animales mortes et en voie de dessication.

Les autres parties de la terre examinée ne nous ont offert aucun autre fait digne d'être noté, non plus que la surface d'un fémur dont la moitié supérieure avait échappé à l'incinération.

Quelle conclusion peut-on tirer des faits rapportés ci-dessus?

En premier lieu, la présence d'un nid de fourmis dans la terre en question, indique que cette terre était ferme, tassée, en un mot qu'elle n'avait pas été bouleversée depuis au moins un an ; et, en effet, les Canas avaient été plantés depuis environ deux ans.

En second lieu, pour amener les bulbes de lis à l'état où ils se sont présentés, réduits à leurs seules écailles extérieures, qui, déjà desséchées, constituent un organe protecteur pour la plante fraîche, et qui, par suite, résistent plus longtemps que les parties vertes aux mandibules des Acariens, — pour réduire, disons-nous, les bulbes de lis à l'état où nous les avons trouvés, — il a fallu un minimum de deux ans, chiffre calculé sur le nombre de génération des *Cœpophages* qui se sont succédé pour faire disparaître toute la portion charnue des bulbes, et dont les dépouilles sont là comme témoins. Ce chiffre est encore établi par les nombreuses expériences que nous avons poursuivies pendant plusieurs années pour étudier la curieuse métamorphose hypopiale de Tyroglyphes, découverte par nous il y a une vingtaine d'années.

La présence de dépouilles et de larves hypopiales de Cœpophages, mêlées à des individus encore vivants, prouve qu'il y a eu une interruption de travail, car deux causes seules provoquent la formation adventive de ces larves : l'absence de nourriture et le froid de l'hiver qui tue les Acariens à téguments mous, les Tyroglyphinés à forme normale ; la nourriture ne manquant pas, c'est donc un hiver au moins qui a passé pendant que les générations de cœpophages se succédaient, ce qui vient encore à l'appui de l'appréciation d'un minimum de deux ans que nous donnons pour l'époque de l'enfouissement des bulbes de lis.

Les bulbes de lis avec les tiges qu'ils supportaient et qui ont disparu par décomposition lente comme le fumier vert, — et on sait pratiquement

qu'une décomposition semblable met environ
deux ans à se faire sans laisser aucune trace, — les
bulbes, disons-nous, ont donc dû être enfouis au
printemps de l'année 1883, immédiatement avant
qu'on fasse la plantation de canas.

D'ailleurs, le terme de trois ans étant néces-
saire pour faire passer à l'état de terreau toute
production végétale sèche, foliacée, comme les
écailles extérieures de bulbes de lis, l'existence
de ces débris prouve que ce terme n'était pas encore atteint et que c'est bien entre deux ou trois
ans que l'enfouissement de ces parties végétales,
et par suite des os qu'elles accompagnaient, a eu
lieu.

DIX-HUITIÈME APPLICATION

En 1891, à la fin de juin, M. le professeur
Perrier fut désigné, par M. le Juge d'instruction
de Brives, comme expert pour déterminer la date
approximative de la mort de trois nouveaux-nés
trouvés dans une petite localité de la Corrèze, enfouis dans une barrique et enveloppés de linges.

M. le Professeur Perrier voulut bien réclamer
notre concours pour examiner ensemble les sus-
dits fœtus.

Les os en étaient à peu près complètement dépouillés des tissus organiques qui les avaient recouverts, et, comme trace des insectes qui avaient travaillé à la disparition de ces tissus, nous trouvâmes des coques vides de nymphes de *Curtonevra stabulans*, de *Calliphora romitoria*, d'une petite arachnide scorpioniforme, c'est-à-dire de *Chelifer* et d'*Obiscinus*, et de dépouilles d'Acariens ; mais, en même temps un certain nombre de larves très vivantes et d'insectes parfaits aussi vivants, d'une espèce de Coléoptère, le *Tenebrio obscurus*, qui tous étaient occupés à dévorer les débris laissés par les insectes sarcophages. C'est la dernière escouade de travailleurs de la mort que nous ayons jamais rencontrée, et sa présence fait remonter la mort des nouveaux-nés à l'extrême limite appréciable par l'application de l'entomologie à la médecine légale, c'est-à-dire à un minimum de quatre années.

Un détail nous a permis d'apprécier la saison probable pendant laquelle la mort a eu lieu, c'est la présence de quelques queues de cerises qui font penser à l'époque des fenaisons, c'est-à-dire au mois de juillet.

DIX-NEUVIÈME APPLICATION

Le *Montpellier-Médical* de février 1885 rapporte un cas d'application de l'entomologie, à la médecine légale, dû à MM. Lichtenstein, A. Moitessier et D. Jaumes, que nous allons transcrire, car il est très intéressant : c'est M. Jaumes qui parle :

« M. Moitessier et moi avons été chargés, par M. le Juge d'instruction, de l'examen de débris de fœtus découverts dans l'intervalle compris entre le plafond de l'étage inférieur et le plancher de l'étage supérieur, par des ouvriers procédant à la démolition d'une maison, et qui avaient été déposés, dans mon laboratoire sur l'ordre de l'autorité judiciaire.

« Ces débris comprenaient des pièces isolées (les deux pariétaux, les deux temporaux, un fragment de l'occipital, auquel adhéraient des lambeaux de méninges, les quatre premières vertèbres cervicales, l'avant-bras et la main gauche presque complètement dépouillés de leurs chairs) et une masse principale constituée par le tronc et les deux membres inférieurs. Les chairs de cette masse principale manquaient sur plu-

sieurs points ; celles qui existaient encore étaient
desséchées, momifiées, incrustées de terre. Les
parois du thorax, déprimées dans le sens transversal, étaient presqu'en contact l'une avec l'autre. La colonne vertébrale, fortement incurvée,
représentait un angle dont le sommet, situé à
peu près à la partie moyenne de la région dorsale, regardait en arrière et à gauche ; cette double disposition indiquait que le corps avait été
comprimé dans le sens transversal et replié sur
lui-même. Les parois abdominales étaient desséchées, très amincies, en grande partie détruites.
Il n'existait aucun vestige des organes génitaux.
Les cavités thoraciques et abdominales contenaient une masse informe, résultant du mélange
des tissus avec la terre. Les membres inférieurs
étaient repliés sur eux-mêmes et en grande partie recouverts de leurs chairs desséchées, ratati-
nées et incrustées de terre. Le pied gauche se
trouvait en flexion forcée, son dos appliqué contre la face antérieure de la jambe correspon-
dante ; le pied droit était à peu près horizontale-
ment dirigé de droite à gauche, le talon en
dehors.

« Ces débris étaient enveloppés dans une chemise de femme en toile blanche, marquée AL,
rapiécée, déchirée, rongée et souillée sur presque

toute sa surface de taches, dont les unes étaient rougeâtres, tandis que les autres formaient une coloration verdâtre.

« Enfin, les restes du fœtus et la chemise étaient parsemés d'un grand nombre de débris d'insectes.

« L'ordonnance de M. le Juge d'instruction nous prescrivait de rechercher : le sexe et l'âge de l'enfant ; — s'il est né à terme ou avant terme ; — s'il a vécu ; — à quelle époque remonte la mort, si cette mort provient d'une cause naturelle et innocente, si elle a été causée par négligence, imprudence, ou omission volontaire, ou enfin si elle est le résultat d'actes de violence ; — d'examiner la serviette dans laquelle le squelette était roulé et de rechercher si elle ne porte pas trace de sang, de lochies, indiquant un accouchement récent.

« Il nous a été impossible de répondre à plusieurs de ces questions.

« En ce qui concerne la chemise, les taches rougeâtres traitées par la teinture de gayac et l'essence de térébenthine (réaction de Taylor) ont donné la coloration bleue, mais nous n'avons ensuite obtenu, ni les cristaux d'hémine, ni les bandes d'absorption ; nous n'étions donc pas autorisés à conclure à la présence du sang. Nous

avons, en revanche, constaté dans les taches
verdâtres la présence des éléments caractéristiques du méconium (cristaux de cholestérine, etc.).

« Quant au fœtus, nous n'avons pu, ni reconnaître son sexe, ni recueillir le moindre indice
de son genre de mort, et l'époque de sa mort
avant ou après l'accouchement.

« Mais nous avons acquis la preuve qu'il était
à terme : (l'apophyse inférieure du fémur droit
manquait ; celle du fémur gauche, desséchée,
racornie, coiffait l'extrémité de la diaphyse sous
forme d'une demi-coque mince, noirâtre et résis-
tante. Pour nous mettre dans des conditions plus
favorables eu égard à la constatation du point
d'ossification, nous avons eu recours à un petit
artifice qui a pleinement réussi. Le membre
ayant été plongé dans l'eau pendant quarante-
huit heures, les tissus, et particulièrement l'épiphyse, se sont ramollis, gonflés, et l'on a pu très
aisément pratiquer des coupes qui ont révélé
l'existence, dans la profondeur de cette épiphyse,
d'un point d'ossification de forme à peu près circulaire et du diamètre d'une lentille environ. Ce
résultat a été, du reste, confirmé par l'examen
des os, qui nous ont offert un degré de développement et les dimensions des os du fœtus à

terme. Pariétal gauche complètement ossifié; o^m,09 de son angle inférieur et antérieur à son angle postérieur et supérieur, o^m,08 de son angle antérieur et supérieur à son angle postérieur et inférieur; pariétal droit : idem; — clavicule droite : courbures prononcées complètement ossifiées, o^m,035 de hauteur; o^m,028 dans sa plus grande largeur; — radius : diaphyse longue de o^m,071; — tibia droit : diaphyse longue de o^m,065; — pied gauche long de o^m,065; etc.).

« Enfin, pour déterminer le laps de temps écoulé depuis la mort, nous avons naturellement pensé qu'il y avait lieu de mettre à profit la très ingénieuse application que M. le Dr Bergeret (d'Arbois) a, le premier, faite des notions fournies par l'histoire naturelle à la solution de ce genre de problème). Le fait actuel reproduisait les circonstances essentielles de celui à l'occasion duquel notre distingué confrère, s'appuyant sur l'étude des métamorphoses des Insectes [1] parvenait à démontrer que la mort remontait à

(1) BERGERET. — *Infanticide, momification du cadavre. Découverte du cadavre d'un enfant nouveau né dans une cheminée où il s'était momifié. Détermination de l'époque de la naissance par la présence de nymphes et de larves d'Insectes dans le cadavre, et par l'étude de leurs métamorphoses* (Ann. d'hygiène et de médecine légale, 2e série, 1855 (t. IV. p. 442).

plus de deux ans, qu'elle avait très probablement
eu lieu pendant l'été et voyait ses conclusions
justifiées par l'enquête judiciaire.

« Dans une circonstance plus récente, le cadavre d'un enfant de 7 à 8 ans, complétement
desséché, ayant été découvert dans une chambre
de logeur, enfermé dans une caisse, M. Mégnin
s'inspirait du précédent créé par M. Bergeret, et
prouvait à son tour que la mort de cet enfant
datait de dix-huit mois ou deux ans au minimum (1).

« Notre expertise offrait une nouvelle occasion de recourir à cette source précieuse de renseignements. M. J. Lichtenstein, que sa com-
pétence spéciale désignait au choix de M. le
juge d'instruction, a bien voulu se charger de
ces recherches dont les résultats sont consignés
dans la note suivante :

« J'ai été appelé... à examiner le cadavre d'un
« fœtus envoyé au laboratoire de médecine lé-
« gale, le..., et mon examen a eu lieu un mois
« après.

« Le corps était desséché et complètement mo-

---

(1) MÉGNIN. — *Une application de l'entomologie à
la médecine légale* (Gazette des Hôpitaux, 6 mars 1883,
n° 27, p. 212).

« mifié. Il était enveloppé d'un linge en toile,
« dans les plis agglutinés duquel on voyait un
« grand nombre de débris d'insectes; on en re-
« marquait aussi, mais en bien plus petit nom-
« bre, sur le cadavre lui-même.

« Après l'examen attentif de cette petite mo-
« mie et l'étude des débris que M. le Professeur
« Jaumes voulut bien faire recueillir avec soin,
« voici ce que j'ai pu reconnaître.

« *Dans les plis du linge* :

« 1° De nombreuses pupes de Diptères, toutes
« vides, ce qui rend impossible la détermination
« de l'espèce; mais ces mouches ont appartenu
« aux genres *Phora, Anthomyia* (?) et peut-être
« *Tachina*.

« 2° De nombreux fourreaux tissés par des che-
« nilles de micro-lépidoptères, aussi vides, mais
« paraissant appartenir à la teigne de la graisse,
« ou fausse teigne des cuirs de Réaumur (Pl. 20,
« mem. 8) aujourd'hui *Aglossa pinguinalis*
« Lin.

« 3° De nombreuses dépouilles de coléoptères
« ou scarabées appartenant au genre *Anthrenus* et
« probablement à notre espèce commune l'*A. du-
« bius*.

« *Sur le cadavre lui-même* :

« 1° Des élytres et débris d'insectes morts ap-

« partenant à un coléoptère également, le *Ptin-*
« *nus bruneus.*

« 2° Des dépouilles de mites ou Acariens mi-
« croscopiques mêlés à la poussière des os et des
« parties momifiées.

« Je passe sous silence une ou deux dépouilles
« d'araignées qui sont sans importance, et un
« moucheron du genre *Culex* tout frais et bien
« conservé, qui n'a pu venir là que fortuite-
« ment en dernier lieu, probablement quand le
« petit cadavre a séjourné dans la morgue de
« l'École de médecine.

« Voyons, à présent, quelles indications nous
« fournissent les insectes nommées ci-dessus.

« Rien n'est vivant, et aucune chrysalide
« même ne se rencontre ; cela nous indique,
« tout d'abord, que la mort du fœtus n'est pas
« récente et remonte à un temps plus ou moins
« long. Essayons de calculer ce temps. Les In-
« sectes les derniers venus sont certainement les
« Anthrènes dont les larves trop connues de
« tous les entomologistes dévorent les insectes
« desséchés ; — si ces larves avaient vécu dans
« le courant de l'été de 1883, nous retrouverions
« aujourd'hui, non des dépouilles vides mais des
« dépouilles contenant des nymphes et devant
« donner l'insecte parfait au printemps ; donc,

« c'est tout au plus dans l'été de 1882 que ces
« insectes ont pu vivre, sinon plus tôt.

« Ces insectes ont fait complètement dispa-
« raître tout débris, soit de diptères, soit de pa-
« pillons ; or, si le développement des diptères
« est assez difficile à apprécier d'une manière un
« peu exacte, vu l'influence qu'ont sur lui les
« circonstances atmosphériques, nous avons des
« données fort exactes sur le développement de
« la « fausse teigne des cuirs », tant par Réau-
« mur que tout récemment par M. W. Buckler
« (*Entomologist's Monthly mag.* fév. 1884).
« Ce papillon, dont la chenille mange le cuir où
« la viande momifiée et parcheminée, éclôt en
« juillet ; en août il effectue sa ponte. Les che-
« nilles passent l'hiver et se chrysalident au
« printemps. — Cela nous reporte en 1881. —
« Or, comme ce papillon pond sur la chair mo-
« mifiée et parcheminée, il a fallu au cadavre le
« temps d'acquérir cet état de momie et nous
« arrivons à reporter la mort à l'année 1880 au
« plus tôt.

« Cette donnée est confirmée par la présence
« des *Ptinus* morts car, eux aussi sont des man-
« geurs de chair momifiée, de débris d'insectes
« et n'attaquent un cadavre que quand il est des-
« séché. Ici je ne juge que par analogie, car les

« métamorphoses de cette espèce, en particulier
« le *Ptinus brunneus*, n'ont pas été observées.

« Nous voyons donc que l'entomologie peut
« nous indiquer qu'il faut remonter à quatre ans
« au minimum pour l'époque de la mort du fœ-
« tus. Cette même science nous indique la sai-
« son et peut-être même quelques autres circons-
« tances de la nature.

« Les mouches ne volent pas en hiver : c'est
« donc dans la belle saison que le fœtus a péri,
« et l'on peut facilement hasarder l'opinion qu'il
« a dû être encore à l'état frais, exposé soit sur
« une terrasse, soit sur le toit, car le genre de
« Diptères dont on retrouve les pupes, les *Phora*,
« les *Anthomyia*, les *Tachina* ne vivent pas
« dans nos demeures, et l'exposition à l'air et au
« soleil a dû très probablement précéder le dépôt
« du petit cadavre dans la cachette où il a été
« rencontré.

« Les débris d'acariens, si fréquents dans tous
« les détritus d'animaux et de végétaux, ne me
« paraissent fournir aucune donnée particulière.

« De tout ce qui précède, je tirerai les conclu-
« sions suivantes :

« 1° Il y a certainement quatre ans, ou peut-
« être davantage que la mort de l'enfant ou du
« fœtus a eu lieu.

« 2° Que cette mort a eu lieu dans la belle sai-
« son ou du moins au printemps, au plus tôt
« vers le mois de mai.

« 3° Qu'avant d'être déposé dans la cachette
« où il a été trouvé, le cadavre a dû être exposé
« à l'extérieur de l'appartement.

« (?) Je fais des réserves pour le nom du genre
« *Anthomyia* quoique la forme des coques ou
« pupes indique un diptère de la famille des An-
« thomysides ; ces insectes vivent en général
« dans les feuilles et racines des végétaux. Du
« reste le nom du diptère ne change en rien les
« faits observés et leur signification. »

Nous aurions bien des observations critiques à
faire sur la note de M. Lichtenstein qui ne paraît pas se douter de la puissance olfactive et
instinctive des diptères sarcophages et des acariens. Ainsi, il conclut, que le petit cadavre a
été exposé sur un toit ou sur une terrasse avant
d'être enfermé dans sa cachette, parce qu'il a
trouvé à sa surface des débris de diptères qui ne
sont pas des habitants ordinaires des apparte-
ments. Mais les mouches carnassières ont un
odorat tellement puissant qu'elles viennent de
très loin sur un cadavre en putréfaction, et à travers toutes sortes d'obstacles. Les fissures qui
ont permis aux *Aglosses* et aux *Anthrènes* de

pénétrer dans la cachette qui renfermait les momies, étaient suffisants pour le *Phoras* et les *Anthomyies*, qui ne sont pas des travailleurs de la première heure comme M. Lichtenstein paraît le croire.

Quant aux acariens détriticoles on ne les voit jamais sur des cadavres frais, mais exclusivement sur des cadavres en voie de dessication.

Nous bornons là nos critiques que nous pourrions multiplier, car les études nombreuses que nous avons eu l'occasion de faire depuis une quinzaine d'années sur les insectes des cadavres, nous ont appris des choses qui étaient complètement ignorées des entomologistes et que ce travail a pour but de faire connaître.

II

APPLICATION DES DONNÉES ENTOMOLOGIQUES
AU POINT DE VUE
MÉDICO-LÉGAL AUX CADAVRES INHUMÉS

Nous n'avons pas encore eu l'occasion de faire une application médico-légale des données entomologiques que nous avons recueillies sur les cadavres inhumés et que nous avons relatées

au Chap. II, p. 98. Nous pensons que les dif-
ficultés seraient beaucoup plus grandes pour
déterminer exactement l'époque de la mort et de
l'inhumation, parce que, d'une part, le nombre
des espèces d'insectes qui peuvent arriver sur le
cadavre, dans ces circonstances, est beaucoup
moins grand que celui des espèces qui arrivent
sur un cadavre à l'air libre, et que, d'un autre
côté, les causes qui empêchent ou favorisent l'arrivée des insectes qui recherchent les cadavres
enfouis, sont beaucoup plus nombreuses ; ainsi,
si les terres sont compactes, glaiseuses, les insectes arriveront difficilement à atteindre les cadavres, surtout si ceux-ci sont enfouis très profondément. D'un autre côté, si les terres sont
légères, friables, et surtout si le sol est drainé
en dessous des bières, comme au cimetière de
Saint-Nazaire, il y aura là une voie de pénétration dont profiteront les insectes. Enfin, la soli-
dité de l'enveloppe ou du cercueil peut empêcher
complètement l'arrivée des insectes, et les renseignements seront alors très restreints : ainsi, si le
cercueil est en plomb et bien soudé, il sera impossible aux *Ophira cadaverina*, aux *Phora
aterrima* et aux *Rhizophagus parallelocollis*,
d'arriver au cadavre, soit à l'état adulte soit à
l'état de larve.

Cependant, même dans ce dernier cas, on peut trouver sur le cadavre des restes d'insectes auxquels il aura servi d'aliment pendant les premiers mois de son inhumation : c'est quand le sujet, mort pendant l'été, aura été assailli avant l'ensevelissement par certaines mouches qui le recherchent à ce moment pour déposer leurs œufs à sa surface et surtout à l'entrée des ouvertures naturelles, nez, bouche, etc. On peut observer que les malades, — hommes ou animaux, — aux approches de la mort, si la saison comporte la présence des mouches, est assailli avec persistance par ces insectes ; c'est même un signe de l'état très grave du sujet. — Or, ces mouches, dans ce cas, sont poussées par un instinct impérieux : celui de déposer leurs œufs sur une matière animale qui va bientôt entrer en décomposition, et ces mouches appartiennent exclusivement à deux genres : le genre *Curtonevra*, et le genre *Calliphora*. L'enseignement à tirer de ce fait et la conclusion à en déduire, c'est que, si on a à examiner un cadavre qui a été inhumé, même dans un cercueil de plomb, et sur lequel on trouve des coques de nymphes de Curtonèvres et de Calliphores, — on trouve même les insectes parfaits, qui ont été enfermés comme dans la bergerie et qui n'ont pas pu en sortir,

on peut en conclure, d'abord, que l'inhumation
a eu lieu pendant la saison chaude et non pendant l'hiver, saison dans laquelle ces insectes
sont absents. On peut en conclure ensuite, si
les larves et les mouches sont encore vivantes,
que la mort remonte à peine à trois mois, et si
les métamorphoses sont complètes et qu'il n'y a
plus que des insectes morts, on est en droit de
conclure que la mort remonte à plus de six mois,
mais à une époque indéterminée, si l'on n'a pas
d'autres bases pour apprécier cette époque.

Lorsqu'un cadavre a été inhumé dans un cercueil en bois, surtout si ce bois est constitué par
des voliges minces, comme dans ceux du service
des hôpitaux de Paris, la poussée des terres ne
tarde pas à faire gondoler les planches du cercueil, et à les disjoindre sur beaucoup de points;
de là de larges baies de pénétrations pour certains insectes qui recherchent les cadavres enfouis dont les émanations traversent les terres
et les décèlent à leurs organes délicats. Ces
insectes sont des mouches : l'*Ophira cadaverina*
et la *Phora aterrima*; et un Coléoptère le *Rhizo-*
phagus parallelocollis. Nous avons vu ces deux
mouches à l'état de larves et à l'état d'insectes
parfaits sur des cadavres d'*un an* exhumés au
cimetière de Saint-Nazaire; nous en concluons

que deux mois au moins auparavant, c'est-à-dire lorsque le cadavre avait dix mois d'inhumation, il était déjà recherché par ces deux mouches qui avaient pu arriver à pondre à sa surface.

Sur des cadavres de *deux ans* exhumés au cimetière d'Ivry, nous avons trouvé à foison des *Phoras aterrima* à l'état de nymphes et à l'état d'insecte parfait. C'est qu'en effet depuis un an de nombreuses générations de ce moucheron s'étaient succédé et multiplié sans interruption, et nous comprenons l'ébahissement d'Orfila qui, assistant à une exhumation, vit, à l'ouverture de la bière s'en échapper un véritable nuage de moucherons, sans comprendre et se rendre compte de la signification de ce phénomène.

Ce n'est que sur des cadavres de *deux ans*, très gras, que nous avons récolté des spécimens, à l'état de larve et à l'état d'insecte parfait du *Rhizophagus parallelocolis*, et ils y avaient été appelés par un certain degré de fermentation du gras de cadavre qui avait coulé et s'était moulé sur le fond de la bière comme du suif fondu en répandant une odeur de rance très forte et caractéristique.

Sur des cadavres de *trois ans*, exhumés au cimetière d'Ivry, nous n'avons plus trouvé que des squelettes entièrement décharnés dont les creux étaient remplis d'une matière déliquescente noirâtre ou pulvérulente mêlés de débris d'insectes et surtout de leurs nymphes, mais aucun de ces êtres vivants ; tout ce qui pouvait être consommé par eux l'avait sans doute été.

Bien que nous ayons trouvé, une fois, d'autres insectes dans le voisinage des cadavres inhumés tels que : un Staphilin (*Philontus ebenus*) deux Thysanoures (*Achorutes armatus* et *Templetonia nitida*) et une jeune Jule, leur présence n'est pas assez constante pour servir de base pour l'appréciation de l'âge des cadavres, comme les Diptères et le Coléoptère dont nous avons parlé plus haut ; nous ne les citons donc que pour mémoire.

En résumé, comme on voit, nous avons des bases pour pouvoir apprécier l'âge d'un cadavre inhumé jusqu'à trois ans et plus par larges phases qui ne sont plus que d'un an après la première année. Mais, si la présence ou l'absence des premiers réactifs vivants peuvent nous permettre d'apprécier assez exactement la saison pendant laquelle a eu lieu l'inhumation, si la présence des autres insectes réactifs, morts ou en vie, peuvent nous permettre de fixer assez exactement l'année minima de la mort ; leur absence n'a pas la même valeur négative très importante que nous leur avons reconnue lorsqu'il s'agissait de cadavres exposés à l'air libre, car elle peut être due à bien des circonstances qui ne se rencontrent pas pour ces derniers et qui nous laissent complétement impuissants, au moins dans l'état actuel de nos connaissances.

TABLE DES MATIÈRES

CHAPITRE PREMIER

Faune des cadavres à l'air libre

CHAPITRE II

Faune des cadavres inhumés, ou des tombeaux

II

Application des données entomologiques, au point de vue médico-légal, aux cadavres inhumés

ST-AMAND (CHER), IMPRIMERIE DESTENAY, BUSSIÈRE FRÈRES

CLINIQUE MÉDICALE DE LA CHARITÉ

LEÇONS & MÉMOIRES

Par le professeur POTAIN
et ses collaborateurs

Ch. A. François-Franck
Professeur suppléant au Collège de France

H. Vaquez
Chef de clinique à la Faculté de Médecine

E. Suchard
Chef de laboratoire d'anatomie pathologique

P. J. Teissier
Interne des Hôpitaux de Paris

1 fort vol. in-8° de 1,060 p. avec nombreuses fig. dans le texte. 30 fr.

Ce volume contient tout d'abord des *leçons* du professeur, recueillies par M. VAQUEZ. Celles qui ont été choisies se rapportent toutes aux maladies du cœur. Voici les titres des principales : *Séméiologie cardiaque* (9 leçons, palpation, percussion, auscultation, signes fonctionnels). *Endocardite rhumatismale aiguë; Rythme mitral. Le cœur des tuberculeux. Les cardiopathies réflexes. Névropathies d'origine cardiaque. Symphyse cardiaque. Pronostic. Traitement* (3 leçons).

Le reste du livre est composé de travaux et de recherches poursuivis dans le service : deux mémoires de M. POTAIN (*des souffles cardio-pulmonaires et du choc de la pointe du cœur*), sont la démonstration complète de certains points de la séméiologie cardiaque, qui sont également tranchés dans les leçons.

M. VAQUEZ a donné un mémoire sur la *Phlébite des membres;* M. TEISSIER a rédigé les *Rapports du rétrécissement mitral pur avec la tuberculose;* M. SUCHARD a fourni un intéressant travail sur la *Technique des autopsies cliniques.*

Enfin, M. FRANÇOIS-FRANCK a rédigé pour ce volume un très important mémoire, l'*Analyse de l'action expérimentale de la digitaline,* qui est le développement d'une leçon faite par lui aux élèves de la Charité.

L'ensemble de ce volume forme donc un tout traitant tout spécialement des maladies du système circulatoire.

TRAITÉ
DES MALADIES DES YEUX
Par Ph. PANAS
Professeur de clinique ophtalmologique à la Faculté de Médecine
Chirurgien de l'Hôtel-Dieu — Membre de l'Académie de Médecine

2 vol. gr. in-8° avec 453 fig. et 7 pl. coloriées, cartonnés. . . 40 fr.

Dans cet ouvrage, l'auteur s'est attaché à donner d'une façon concise l'état actuel de la science ophtalmologique en prenant pour base la clinique sans négliger l'enseignement et les recherches de laboratoire. — Le premier volume comprend l'anatomie, la physiologie, l'embryologie, l'optique et la pathologie du globe de l'œil. Il se termine par l'instruction ministérielle sur l'aptitude au service militaire. — Le second contient ce qui a trait à la musculature, aux paupières, aux voies lacrymales, à l'orbite et aux sinus cranio-faciaux; le tout envisagé au point de vue de l'anatomie, de la physiologie et de la pathologie. Vu l'intérêt qui s'y rattache, les articles consacrés à la cataracte, au glaucome et à l'opthalmie sympathique constituent autant de monographies. En un mot, essentiellement pratique, ce livre s'adresse autant aux étudiants qu'aux ophtalmologues de profession.

LIBRAIRIE G. MASSON, 120, BOULEVARD ST-GERMAIN, PARIS

TRAITÉ DE MÉDECINE

Publié sous la direction de MM. CHARCOT et BOUCHARD, membres de l'Institut et professeurs à la Faculté de médecine de Paris, et BRISSAUD, professeur agrégé, par MM. BABINSKI, BALLET, BLOCQ, BRAULT, CHANTEMESSE, CHARRIN, CHAUFFARD, COURTOIS-SUFFIT, GILBERT, GEORGES GUINON, L. GUINON, HALLION, LAMY, LE GENDRE, MARFAN, MARIE, MATHIEU, NETTER, OEttinger, ANDRÉ PETIT, RICHARDIÈRE, ROGER, RUAULT, THIBIERGE, THOINOT, FERNAND WIDAL. 6 vol. in-8. avec figures (5 vol. publiés au 1er août 1893). Prix de ces 5 vol. . . . . **102 fr.**

Cet ouvrage sera complété par la publication d'un tome sixième et dernier.

TRAITÉ DE CHIRURGIE

Publié sous la direction de MM. Simon DUPLAY, professeur de clinique chirurgicale à la Faculté de médecine de Paris, et Paul RECLUS, professeur agrégé, par MM. BERGER, BROCA, Pierre DELBET, DELENS, GÉRARD-MARCHANT, FORGUE, HARTMANN, HEYDENREICH, JALAGUIER, KIRMISSON, LAGRANGE, LEJARS, MICHAUX, NÉLATON, PEYROT, PONCET, POTHERAT, QUÉNU, RICARD, SEGOND, TUFFIER, WALTHER. 8 forts volumes in-8, avec nombreuses figures . . . . **150 fr.**

LEÇONS DE THÉRAPEUTIQUE

Par le Dr Georges HAYEM, professeur à la Faculté de médecine de Paris, Membre de l'Académie de médecine.

Les 4 premiers volumes des leçons de thérapeutique comprennent l'ensemble des *Médications* et sont ainsi divisés :

Première série. — Médications. — Médication désinfectante. — Médication sthénique. — Médication antipyretique. — Médication antiphlogistique. 8 fr.

Deuxième série. — De l'action médicamenteuse. — Médication antihydropique. — Médication hémostatique. — Médication reconstituante. — Médication de l'anémie. — Médication du diabète sucré. — Médication de l'obésité — Médication de la douleur . . . . 8 fr.

Troisième série. — Médication de la douleur (suite). — Médication hynoptique. — Médication stupéfiante. — Médication antispasmodique. — Médication excitatrice de la sensibilité. — Médication hypercinetique. — Médication de la kinésirataxie cardiaque. — Médication de l'asystolie. — Médication de l'ataxie et de la neurasthénie cardiaque. . . . . 8 fr.

Quatrième série. — Médication antidyspeptique. — Médication antidyspnéique. — Médication de la toux. — Médication expectorante. — Médication de l'albuminurie. — Médication de l'urémie. — Médication antisudorale. . . 12 fr.

Les Agents physiques : agents thermiques, électricité, modifications de la pression atmosphérique, climats et eaux minérales, 1 vol. in-8o avec nombreuses fig. dans le texte et une carte des eaux minérales et des stations climatériques. 12 fr.

Ouvrages parus

Section de l'Ingénieur

V. PICOU. — Distribution de l'électricité. Installations isolées.

GOUILLY. — Transmission de la force par air comprimé ou raréfié.

JUQUESNAY. — Résistance des matériaux.

WEISSHAUVERS-DERY. — Étude expérimentale calorimétrique de la machine à vapeur.

MADAMET. — Tiroirs et distributeurs de vapeur.

JAGNIER DE LA SOURCE. — Analyse des vins.

ALHEILIG. — Recette, conservation et travail des bois.

R. V. PICOU. — La distribution de l'électricité. Usines centrales.

AIMÉ WITZ. — Thermodynamique à l'usage des Ingénieurs.

LINDET. — La bière.

TH. SCHLOESING fils. — Notions de chimie agricole.

SAUVAGE. — Divers types de moteurs à vapeur.

LE CHATELIER. — Le Grisou.

MADAMET. — Détente variable de la vapeur. Dispositifs qui la produisent.

DUDEBOUT. — Appareils d'essai des moteurs à vapeur.

CRONEAU. — Canon, torpilles et cuirasse.

H. GAUTIER. — Essais d'or et d'argent.

LECOMTE. — Les textiles végétaux.

ALHEILIG. — Corderie. Cordages en chanvre et en fils métalliques.

DE LAUNAY. — Formation des gîtes métallifères.

ERTIN. — État actuel de la marine de guerre.

FERDINAND JEAN. — L'industrie des peaux et des cuirs.

BERTHELOT. — Traité pratique de calorimétrie chimique.

VALÉRIO. — L'art de chiffrer et déchiffrer les dépêches secrètes.

MADAMET. — Épures de régulation.

GUILLAUME. — Unités et étalons.

WIDMANN. — Principes de la machine à vapeur.

Section du Biologiste

FAISANS. — Maladies des organes respiratoires. Méthodes d'exploration. Signes physiques.

MAGNAN et SÉRIEUX. — Le délire chronique à évolution systématique.

AUVARD. — Gynécologie. — Séméiologie génitale.

G. WEISS. — Technique d'électrophysiologie.

BAZY. — Maladies des voies urinaires. — Urètre. Vessie.

WURTZ. — Technique bactériologique.

TROUSSEAU. — Ophtalmologie. Hygiène de l'œil.

FÉRÉ. — Épilepsie.

LAVERAN. — Paludisme.

POLIN et LABIT. — Examen des aliments suspects.

BERGONIÉ. — Physique du physiologiste et de l'étudiant en médecine. Action moléculaires, Acoustique, Électricité.

AUVARD. — Menstruation et fécondation.

MÉGNIN. — Les acariens parasites.

DENELIN. — Anatomie obstétricale.

CUÉNOT. — Les moyens de défense dans la série animale.

A. OLIVIER. — La pratique de l'accouchement normal.

BERGÉ. — Guide de l'étudiant à l'hôpital.

CHARRIN. — Les poisons de l'organisme. Poisons de l'urine.

ROGER. — Physiologie normale et pathologique du foie.

BROCQ et JACQUET. — Précis élémentaire de dermatologie. Pathologie générale cutanée.

HANOT. — De l'endocardite aiguë.

WEILL-MANTOU. — Guide du médecin d'assurances sur la vie.

LANGLOIS. — Le lait.

DE BRUN. — Maladies des pays chauds. — Maladies climatériques et infectieuses.

BROCA. — Le traitement des ostéo-arthrites tuberculeuses des membres chez l'enfant.

DU CAZAL ET CATRIN. — Médecine légale militaire.

Section de l'Ingénieur

MINEL (P.). — Électricité industrielle.
LAVERGNE (Gérard). — Turbines.
HÉBERT. — Boissons falsifiées.
NAUDIN. — Fabrication des vernis.
SINIGAGLIA. — Accidents de chaudières.
H. LAURENT. — Théorie des jeux de hasard.
GUÉNEZ. — Décoration au feu de moufle.
VERMAND. — Moteurs à gaz et à pétrole.
MEYER (Ernest). — L'utilité publique et la propriété privée.
WALLON. — Objectifs photographiques.
BLOCH. — Appareils producteurs d'eau sous pression.
DE LAUNAY. — Statistique générale de la production métallifère.
CRONEAU. — Construction du navire.
DE MARCHENA. — Machines frigorifiques.
PRUDHOMME. — Teinture et impressions.
ALHÉILIG. — Construction et résistance des machines à vapeur.
SOREL. — La rectification de l'alcool.
P. MINEL. — Électricité appliquée à la marine.
DWELSHAUVERS-DERY. — Étude expérimentale dynamique de la machine à vapeur.
AIMÉ WITZ. — Les moteurs thermiques.
H. LÉAUTÉ et A. BÉRARD. — Transmissions par câbles métalliques.
P. MINEL. — Régularisation des moteurs des machines électriques.
CASPARI. — Chronomètres de marine.
HENNEBERT. (C¹). — La fortification.
DE LA BAUME PLUVINEL. — La théorie des procédés photographiques.
HENNEBERT. — Les torpilles sèches.
DE BILLY. — Fabrication de la fonte.
STANISLAS MEUNIER. — Les météorites.
HATT. — Les marées.
LOUIS JACQUET. — La fabrication des eaux-de-vie.
GUYE (PH.-A.). — Matières colorantes.
HOSPITALIER (E.). — Les compteurs d'électricité.
ÉMILE BOIRE. — La sucrerie.
MOISSAN et OUVRARD. — Le nickel.
ROUCHÉ. — La perspective.
LE VERRIER. — La fonderie.
SEYRIG. — Statique graphique.
C¹ BASSOT et C¹ DEFFORGES. — Géodésie.

Section du Biologiste

LAPERSONNE (DE). — Maladies des paupières et des membranes externes de l'œil.
KŒHLER. — Application de la Photographie aux sciences naturelles.
DR BRUN. — Maladies des pays chauds. — Maladies de l'appareil digestif, des lymphatiques et de la peau.
BEAUREGARD. — Le microscope et ses applications.
BROCQ et JACQUET. — Précis élémentaire de Dermatologie. — Maladies en particulier.
LESAGE. — Le Choléra.
LANNELONGUE. — La Tuberculose chirurgicale.
CORNEVIN. — Production du lait.
J. CHATIN. — Anatomie comparée.
CASTEX. — Hygiène de la voix parlée et chantée.
MAGNAN et SÉRIEUX. — La paralysie générale.
CUÉNOT. — L'influence du milieu sur les animaux.
MERKLEN. — Maladies du cœur.
G. ROCHÉ. — Les grandes pêches maritimes modernes de la France.
OLLIER. — La régénération des os. — Les résections sous-périostées.
LETULLE. — Pus et suppuration.
CRITZMANN. Le cancer.
ARMAND GAUTIER. — La chimie de la cellule vivante.
MÉGNIN. — La faune des cadavres.
SÉGLAS. — Le délire des négations.
OLLIER. — Les grandes résections des articulations.
BAZY. — Troubles fonctionnels des voies urinaires.
ÉTARD. — Les nouvelles théories chimiques.
FAISANS. — Diagnostic précoce de la tuberculose.
BUDIN. — Thérapeutique obstétricale.
DASTRE. — La Digestion.
AIMÉ GIRARD. — La betterave à sucre.
NAPIAS. — Hygiène industrielle et professionnelle.
GOMBAULT. — Pathologie du bulbe rachidien.
LEGROUX. — Pathologie générale infantile.
MARCHANT-GÉRARD. — Chirurgie du système nerveux : Cerveau.
BERTHAULT. — Les prairies naturelles et temporaires.
BRAULT. — Myocarde et artères.
GAMALÉIA. — Vaccination préventive.
ARLOING. — Maladies charbonneuses.
NOCARD. — Les Tuberculoses animales et la Tuberculose humaine.
EDM. PERRIER. — Le Système de l'évolution.
MATHIAS DUVAL. — La Fécondation.
BRISSAUD. — L'Hémisphère cérébral.

www.ingramcontent.com/pod-product-compliance
Lightning Source LLC
Chambersburg PA
CBHW070511200326
41519CB00013B/2779